전산
물리학

COMPUTATIONAL
PHYSICS

# 전산
# 물리학

김범준
박혜진
손승우
이미진
정우성
지음

교문사

# COMPUTATIONAL PHYSICS

**머리말**

새로운 지식을 배우는 여러 방법이 있다. 읽어 배울 수도, 들어서 배울 수도 있지만, 가장 좋은 방법은 직접 해보고 배우는 것이다. 과학 교재에 담긴 내용을 책에서 읽고 이해했다고 해도 무언가 부족하고, 강의를 귀로 듣고 그 내용을 이해했다고 해서 배운 것이 오롯이 자신의 것이 되는 것은 아니다. 제대로 배우려면, 배운 것을 아직 배우지 않은 현상에도 적용해보는 고민과 노력이 필요하다. 기하학에 왕도는 없다. 전산물리학도 마찬가지다. 끙끙 코딩하며 고생한 오랜 시간, 프로그램 버그를 하나하나 이 잡듯 잡아내는 고통의 시간이 없다면 전산물리학의 고수가 될 수 없다. 그렇다고 걱정하지는 말자. 제대로 작동하는 프로그램을 완성해 그 결과를 확인할 때의 짜릿한 기쁨을 한 번 맛보고 나면, 독자도 분명히 다시 또 컴퓨터 앞에 앉게 될 테니까 말이다.

이 책의 대표저자인 나는 대학교 물리학과에서 전산물리학을 여러 번 강의했다. 컴퓨터가 설치되어 있는 전산 실습실에서 수업을 진행하기도 했고, 지참한 노트북 컴퓨터를 수강생이 이용하도록 하기도 했다. 그 동안 수업에서 사용하는 프로그램 언어가 C에서 파이썬으로 바뀌었고, 또 사용하는 컴퓨터 환경도 리눅스에서 시작해, 파이썬 IDLE, 쥬피터 노트북을 거쳐, 구글 코랩에 접속하는 방식으로 변했다. 그동안 여러 변화가 있었지만, 수강생들이 고민하며 프로그램을 한 줄 한 줄 직접 작성해보는 경험을 갖도록 하는 취지는 변하지 않았다.

이 책은 그동안 전산물리학에서 내가 수업한 내용이 주로 담겨 있다. 파이썬 언어의 문법을 상세히 설명하고 코딩을 시작하는 형식을 따르지 않았다. 우리가 사전을 외우고 나서 언어를 배우는 것이 아니듯이, 컴퓨터 프로그램을 배우는 것도 마찬가지라고 생각하기 때문이다. 정말로 단순한 프로그램이라도 직접 따라서 작성해 보고, 그러한 과정을 이어가면서 파이썬에 대한 코딩 지식과 함께 물리학에 대한 이해도 함께 늘어날 수 있도록 내용을 배치하고자 했다. 코딩을 배우는 가장 좋은 방법은 코딩을 하는 것이다.

대부분의 장은 관련된 과학 지식을 설명하는 것으로 시작한다. 배경 지식에 대한 설명 다음에는 책의 저자들이 직접 작성한 파이썬 코드를 수록하고 프로그램이 어떻게 작동하는 지 자세히 설명하고자 했다. 각 장에 수록된 문제는 〈예제〉와 〈과제〉로 구분했는데, 〈예제〉는 바로 앞에서 소개한 파이썬 코드를 약간만 수정, 확장해 해결할 수 있는 문제다. 한편, 어려울 수도 있지만 재밌고 도전적인 문제는 〈과제〉로 소개하고자 했다.

대학교 물리학과 학부 2, 3학년생을 염두에 두고 책의 내용을 구성했지만, 고등학교 미적분과 함수, 그리고 벡터와 행렬에 대한 약간의 지식이 있다면, 차근차근 따라하며 누구나 책의 내용을 이해할 수 있다고 믿는다. 또, 구체적인 자연현상을 컴퓨터 프로그램으로 재현해 이해하는 방식에 관심 있는 사람이라면, 책의 앞부분을 익히고는 관심 있는 주제가 담긴 부분으로 훌쩍 건너갈 수도 있겠다.

책의 내용은 여전히 아쉽고 부족하다. 하지만, 책에서 따라하고 연습해 익힌 전산물리학의 방법만으로도 독자가 할 수 있는 일은 정말 무궁무진하다는 것으로 위안을 삼는다. 누가 알겠는가? 이 책에서 배운 전산물리학의 방법만으로도 누군가 노벨상을 받을 수도 있다. 이 책에 함께한 여러 대학의 통계물리학 전공 동료 교수님들께 깊이 감사드린다.

2022년 2월
대표 저자 김범준

# COMPUTATIONAL PHYSICS

## 차례

PART
I

# 프로그래밍
# 기초

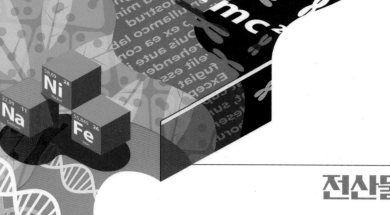

# CHAPTER 1
# 전산물리와 파이썬

영화 〈히든 피겨스〉를 보면 'computer'를 모아놓은 방이 나온다. 그런데 우리가 요즘 이용하는 전산 장비인 컴퓨터가 아니다. 많은 사람들이 책상에 앉아 무언가를 종이에 적으며 계산(compute)을 하는 모습이다. 영어 단어 'computer'는 계산 혹은 연산(compute)을 수행하는 주체라는 뜻이니, 굳이 컴퓨터가 요즘과 같은 전기를 이용한 연산 장치일 필요는 없다.

원래 컴퓨터는 대규모의 계산을 하기 위한 것이었고, 계산하는 기계를 만들지 못하던 시절에는 계산 잘 하는 사람들을 모아서 문제를 풀면 되었다. 조금이라도 계산을 빠르고 정확하게 하기 위해 동양의 주판이 등장했고, 시간이 지나 책상 위에 놓을 수 있는 계산기가 만들어졌다. 기술이 발전하면서 2차 세계대전 즈음에는 우리가 지금 생각하는 컴퓨터와 비슷한 연산 기계가 등장했다. 영화 〈히든 피겨스〉에는 새롭게 등장한 기계 컴퓨터가 사람 컴퓨터들을 대신하는 컴퓨터의 세대교체 과정이 그려져 있다.

물리학은 컴퓨터의 발전에 많은 기여를 해왔다. 최초의 컴퓨터로 분류되는 에니악(ENIAC)은 탄도계산과 같은 복잡한 물리 문제를 풀기 위해 수많은 진공관 장치로 구성되어 탄생했고, 대용량 실험 자료와 연구결과를 다른 많은 사람들과 공유하기 위해 물리학자들은 월드와이드웹(World-Wide-Web, WWW)을 만들었다. 현대에는 컴퓨터를 활용해 문제를 해결하는 것이 대부분의 연구 분야에서 중요한 부분이 되었다. 전산물리학(computational physics)의 발전이다.

컴퓨터 발전 이전의 물리학 연구의 방법은 크게 둘로 나눠볼 수 있다. 이론과 실험이다. 이론 물리학자들은 주로 종이와 연필, 칠판과 백묵을 써서 연구했다. 실험 물리학자들은 실험실이라는 통제가 가능한 인위적 환경을 구축하고, 자연현상을 재현해 그 결과를 연구하는 사람들이다. 현대의 물리학도 크게 이론물리학과 실험물리학으로 나눌 수 있지만, 이제 전산물리의 방법은 이론/실험물리학을 막론하고 어디서나 널리 이용되고 있다.

전산물리라는 방법론의 틀을 이용하는 것에는 장점이 많다. 현실에서 직접 구현하기에는 위험한 실험도 컴퓨터를 이용하면 얼마든지 할 수 있다. 1억도의 높은 온도에서 물리 현상을 연구하고 싶다면, 어떤 온도에서도 성립하는 물리법칙을 컴퓨터 프로그램에 구현하고, 온도를 뜻하는 변수에 1억도라는 값을 할당하면 될 뿐이다. 그렇게 한다고 컴퓨터가 녹아내릴 일도 없다. 실제 실험을 진행하기에는 비용이 너무 많이 드는 실험도 얼마든지 전산물리의 방법으로는 가능하다. 현재의 기술이나 환경의 조건에서 구현할 수 없는 실험도 컴퓨터를 이용한 가상실험의 방법으로 얼마든지 시도해볼 수 있다.

컴퓨터를 '무릎 위 실험실'이라고도 부른다. 무릎 위에 올려놓을 수 있는 작은 노트북 컴퓨터로 구현한 가상실험 장치라는 뜻이다. 전산물리의 방법을 이용한 가상실험에서 실험의 제약조건을 간단하게 조절할 수 있다는 것은 큰 장점이다. 실제 실험실에서의 실험에서 지구 자기장이 실험에 영향을 전혀 미치지 않게 하려면, 실험 장비 전체를 체계적으로 고안된 특정 조건 안에 두어야 한다. 컴퓨터 가상실험에서는 지구자기장을 0으로 놓는 프로그램의 한 줄 코드로 같은 조건을 구현할 수 있다. 컴퓨터는 여러 조건을 완벽히 조절할 수 있는 무릎 위 실험실이다.

물리학 연구를 진행하는 방법으로 전산물리의 중요성은 무척 크다. 컴퓨터를 이용한 전산물리의 기법에 익숙해지면 여러 장점이 있다. 다른 물리학자와 대중에게 연구의 결과를 보다 더 직관적으로 표현하는 그림을 그려 보여줄 수 있고 연구 결과로 얻어진 데이터를 그래프로 표현해 결과의 시각적인 이해에 도움을 줄 수도 있다. 월드와이드웹과 클라우드 서비스를 이용해 더 많은 정보를 더 쉽게 공유하는 것이 가능해졌고, 짧은 시간에 엄청난 양으로 쏟아지는 연구 결과를 모두 저장해 다른 연구자가 얼마든지 쉽게 활용할 수 있도록 제공할 수도 있다. 연구결과를 정리한 논문의 작성과 학술지 출판도 이제 컴퓨터와 인터넷을 이용하지 않는 것은 생각도 못할 정도가 되었다. 컴퓨터를 이용하지 않는 현대의 과학자는 어디에도 없다.

컴퓨터를 이용한 물리 연구의 한계와 문제점도 물론 있다. "쓰레기를 넣으면 쓰레기만 나온다(Garbage in, garbage out)"라는 말이 있다. 뉴턴의 운동법칙을 전산물리 프로그램으로 구현해 자유낙하하는 물체의 움직임을 살펴볼 때, 중력가속도의 부호를 실수로 거꾸로 하면 이제 돌멩이는 땅이 아니라 하늘로 치솟는다. 전산물리 프로그램에 입력하는 기본 수치 입력데이터에 심각한 오류가 있다면, 프로그램의 실행 결과는 당연히 엉뚱한 것일 수밖에 없다. 컴퓨터를 이용한 가상실험은 실제 자연현상을 똑같이 재현하는 것은 아니다. 전산물리의 방법으로 얻어진 결과는 실제의 실험결과와의 비교 검증이 꼭 필요하다. 이러한 비교를 통해 컴퓨터 프로그램의 오류를 찾고, 프로그램에 구현한 이론 모형을 더욱 더 정교하게 발전시킬 수도 있다.

전산물리학도 물리학이다. 컴퓨터 프로그램을 이용해 실제의 물리현상을 구현할 때 프로그램 작성자의 물리학에 대한 지식은 꼭 필요하다. 새로운 현상을 전산물리의 방법으로 연구할 때는 먼저 같은 프로그램이 적절한 조건에서 물리학의 기존 결과와 부합하는지 살펴보는 과정이 중요하다. 만약 기존 물리학의 이론으로는 도저히 설명할 수 없는 결과를 프로그램이 보여준다면 가능성은 둘이다. 연구자가 노벨상을 받게 되거나, 프로그램에 오류(버그)가 있기 때문이거나. 노벨상을 받을 확률과 프로그램에 실수가 있을 확률을 비교하면, 당연히 후자의 확률이 높다. 프로그램의 결과가 너무 이상할 때는, 흥분하지 말고 다시 코드를 찬찬히 살펴볼 것을 권한다. 아, 물론 도저히 프로그램에서 잘못을 찾을 수 없다면 아직 노벨상을 받을 가능성은 남아 있다.

## 파이썬 소개

세상에는 다양한 컴퓨터 프로그램 언어가 있다. 사람들 사이에 정보를 교환하기 위해서는 한국어나 영어와 같은 언어가 필요하다. 컴퓨터에게 일을 시키려면 프로그램 작성자는 컴퓨터와 대화를 해야 하고, 이때 특정 프로그램 언어를 사용한다. 컴퓨터 하드웨어의 발전과 함께 다양한 프로그램 언어가 등장해 인기를 얻고, 더 효율적인 프로그램 언어가 등장하면 자리를 물려주기도 한다. 한국어와 영어 중 어떤 언어가 더 효율적인지를 직접 객관적으로 비교할 수 없는 것과 마찬가지로 세상에 존재하는 수많은 프로그램 언어에 명확한 우열은 없다. 하지만 좋은 프로그램 언어라면 꼭 가져야 할 조건은 있다. 먼저 프로그램을 작성하고 오류를 찾아 고치기에 편해야 한다. 다른 사람의 프로그램을 이해하는 것도 쉬워야 한다(편이성). 다른 사람이 이미 작성해 놓은 다양한 프로그램이 공개되어 있고, 이를 내 프로그램의 일부로 쉽게 가져와 이용할 수 있어야 한다(확장성). 사람마다 구현하고자 하는 제각기 다른 목표를 프로그램 언어로 폭넓게 구현할 수 있어야 한다(범용성). 많은 사람들이 이용하고 있는 프로그램 언어라면 대부분 위의 조건들을 모두 충족한다고 할 수 있다. 최근 과학 분야, 특히 물리학 분야에서는 파이썬을 이용해 프로그램을 작성하는 사람이 늘고 있다.

프로그램 언어는 컴퓨터가 프로그램을 실행하는 방식에 따라 두 종류로 나뉜다. 프로그램 작성자는 미리 약속된 많지 않은 수의 영어 단어와 수학 기호로 프로그램을 작성한다. 이를 컴퓨터가 이해할 수 있는 내부의 언어(기계어라 부른다. 0과 1로만 구성된 긴 숫자의 나열이다)로 바꾸는 과정을 전체 프로그램에 대해 한번 수행해서 별도의 실행 가능 파일을 생성하는 식으로 작동하는 프로그램 언어가 있다. 사람이 만든 텍스트 형식의 프로그램 전체를 기계어로 바꾸는 과정을 컴파일(compile)이라 한다. 이런 종류의 프로그램 언어는 "컴파일 언어"라 불린다. 과학 분야에서 널리 이용되었고 지금도 상당한 사용자를 가지고 있는 컴파일 언어로는 포트란과 C/C++를 들 수 있다. C언어 프로그램 작성 경험이 있다면, hello.c라는 파일을 작성한 뒤에 컴파일 명령 cc를 이용해서 컴파일해 본 경험이 있을 것이다.

이 책에서 이용할 파이썬은 컴파일 언어가 아니다. 텍스트로 작성된 파이썬 프로그램을 실행하면, 프로그램의 한 줄 한 줄이 위에서 아래로 순서대로 기계어로 바뀌어 실행된다. 이처럼 매번 프로그램을 실행할 때마다 텍스트를 한 줄씩 기계어로 다시 해석해 동작하는 프로그램 언어를 "인터프리터(interpreter) 언어"라고 한다.

컴파일 언어는 프로그램을 컴파일 하는 단계에서 별도의 명령을 실행해야 하고 어느 정도 시간도 걸린다. 하지만 이미 컴파일이 완료되어 컴퓨터에 저장된 실행 가능 파일은 상당히 빨리 작동한다. 지금까지도 많은 물리학 연구자가 C/C++와 같은 컴파일 언어를 이용해 프로그램을 작성하는 이유다. 모든 언어에 대해 단정하기는 어렵지만, 바로 이런 이유로 컴파일 언어의 실행 속도는 인터프리터 언어보다 빠르다. 인터프리터 언어는 매번 실행할 때마다 다시 한 줄 한 줄을 기계어로 해석해야 하기 때문이다. 하지만 프로그램 작성을 시작해 오류가 없는 최종 프로그램으로 완성해가면서 중간 단계의 프로그램을 매번 컴파일 할 필요가 없다는 것은 인터프리터 언어가 가진 큰 장점이다.

컴퓨터 하드웨어의 발전으로 프로그램 실행 속도는 점차 빨라졌다. 실행 속도보다 프로그램을 개발하는 과정에서 얼마나 빠르고 편하게 작업을 마칠 수 있는지가 점점 더 중요해지고 있다. 점점 더 많은 과학자가 파이썬을 이용하고 있는 이유다. 일단 파이썬 언어에 숙달하게 되면 "파이썬을 이용하면 생각의 속도로 코딩을 할 수 있다"는 이야기도 있을 정도다. 이 책은 물리학에서 자주 등장하는 다양한 문제를 파이썬 프로그램을 이용해 해결한다.

## 파이썬 설치

현재까지도 파이썬은 숫자 2로 시작하는 버전(python2)과 숫자 3으로 시작하는 버전(python3)이 공존한다. 다만 최근에는 파이썬3으로 통일되는 분위기이다. 파이썬 공식문서에도 파이썬3를 사용할 것을 권하며, 2020년 1월 이후 파이썬2에 대한 더 이상의 공식 지원이 중단되기도 했다. 특히 우리 한글을 프로그램에서 이용하려면 파이썬3을 사용하는 것이 좋다.

### 주피터 노트북(아나콘다 배포판)의 컴퓨터 설치

파이썬을 사용자의 PC 컴퓨터에 인스톨하는 방법도 다양하다. 예를 들어, https://www.anaconda.com에서 아나콘다 배포판(Anaconda distribution)을 내려 받아 설치하는 것도 좋은 방법이다. 이를 이용하면 파이썬 프로그램을 작성하기 위해 필요한 여러 다양한 표준적인 패키지들을 설치하는 것도 무척 편리하다. 아나콘다 배포판을 설치한 후에는 Anaconda-Navigator를 실행하고는 주피터 노트북(jupyter notebook)을 클릭해 실행하면 파이썬 프로그램을 작성해 실행할 수 있는 창이 웹브라우저에서 열리게 된다. 이 창에서 New → Python3를 선택하면 파이썬 코드를 작성할 수 있는 다음 화면을 볼 수 있다.

주피터는 파이썬을 웹 브라우저에서 편리하게 사용할 수 있게 해 준다. 파이썬 뿐
아니라 Matlab, R 등 다양한 언어를 지원한다. 아나콘다를 사용하여 파이썬을 설치
하면 여러 개발 환경이 함께 설치되며, 주피터는 그 중 하나이다.

## 파이썬 공식 사이트를 이용하는 방법

아나콘다와 같이 직접 자신이 이용하는 컴퓨터에 파이썬을 설치하는 방법 외에도
파이썬을 사용하는 방법은 여러 가지가 있다. 당장 내가 사용할 컴퓨터가 공용 컴
퓨터여서 프로그램을 설치할 수 없다면 인터넷을 통해 원격으로 다른 서버에 연결
해 파이썬을 이용해야 할 때도 있다.

파이썬 공식 사이트인 https://www.python.org/에 방문하면 위 그림과 같은 파이썬 인터렉티브 셸 콘솔을 사용할 수 있다. 검은 배경화면에 깜빡이고 있는 빨간 커서가 익숙하지 않은 사람들도 있겠으나, 이런 콘솔 환경이 파이썬의 원래 모습이다. 파이썬의 명령어가 여러 줄의 텍스트의 형태로 담긴 파일(예를 들어 hello.py)을 생성해 컴퓨터에 저장하고 나서, 파이썬 인터프리터 명령어 python를 작업창에서 (예를 들어 python hello.py) 실행하면 그 파이썬 코드가 실행된 결과를 얻게 된다.

## 구글 코랩을 이용하는 법

구글 계정만 있다면 구글 코랩(Google Colab, https://colab.research.google.com)을 이용해 자신의 컴퓨터에 파이썬 환경을 설치하지 않고도 쉽게 파이썬을 이용할 수 있다. 구글 코랩의 사이트에 접속해 '파일'탭을 클릭하고 이어서 '새노트'를 클릭해 열면 주피터 노트북과 매우 비슷한 화면을 볼 수 있다. 구글이 회사 내에서 사용하던 주피터 노트북을 필요에 맞게 개량해 2017년 외부에 공개한 것이 구글 코랩 환경의 출발점이기 때문이다. 구글의 크롬(Chrome) 브라우저를 이용하는 것이 구글 코랩의 권장사항이다. 구글 드라이브(Google drive)를 코랩과 연동해 사용할 수 있다. 작성한 프로그램 코드는 구글 드라이브에 쉽게 저장할 수 있어서 인터넷에 연결된 환경에서는 언제 어디서나 쉽게 자신의 프로그램 작성을 계속할 수 있고 실행도 가능하다. 구글 코랩 환경에서 프로그램을 실행하면 프로그램 작성자의 컴퓨터가 아닌 구글의 가상머신에서 실행된다. 그렇다고 해서 구글 코랩을 이용해 암호화폐를 채굴하는 것과 같은 시도를 하지는 말자. 구글 코랩은 고성능 계산을 지원하기 위한 것이 아니며, 이러한 부적절한 이용이 알려지면 구글은 사용자 아이디를 영구정지시키기도 한다(대학의 전산물리를 수강하다 이러한 부적절 사용으로 계정이 정지되면 학점 F를 받는 지름길이 될 수도 있다). 만약 머신러닝 학습 등 고성능의 계산이 필요하다면 구글 코랩의 연산이 본인의 컴퓨터를 통해 이루어질 수 있도록 설정을 변경한 후 사용하기 바란다. 구글 코랩의 구독 서비스인 코랩 프로(Colab Pro)나 코랩 프로 플러스(Colab Pro+)를 사용하면 보다 빠른 계산 자원을 할당받을 수도 있다. 구글 코랩 환경에서는 여러 다양한 파이썬 패키지를 쉽게 불러와 이용할 수 있으며, 기계학습에서 널리 쓰이는 텐서플로우(Tensorflow)도 효율적으로 이용할 수 있다. 이 책의 내용은 구글 코랩과 구글 드라이브를 서로 연동해 구글 크롬 브라우저를 사용하는 독자를 가정했다. 구글 코랩에서 작성한 프로그램 코드와 실행 결과는 주피터 노트북 파일의 확장자(.ipynb) 형식으로 저장되어, 다른 사람과 쉽게 공유할 수 있다. 따라서 코딩 숙제의 제출도 이 방법을 이용하는 것을 추천한다.

## 구글 코랩에 구글 드라이브 연동하기

구글 계정으로 구글 코랩에 접속하고 구글 코랩의 "연결(connect)"을 클릭하자. 메모리와 저장 공간 등의 계산 자원을 할당받은 후 다음의 코드를 입력하면 구글 드라이브가 연동(mount)된다. 이 책의 이어지는 내용에서도 다시 설명하겠지만, 일단 아래의 코드를 구글 코랩의 노트북에 입력해서 실행해보자. 프로그램의 실행은 코드 바로 왼쪽에 있는 재생 모양의 '플레이' 버튼을 클릭하면 된다.

```
from google.colab import drive
drive.mount('/gdrive')
with open('/gdrive/MyDrive/test.txt', 'w') as f:
  f.write('Hello Google Drive!')
```

다음에는 자신의 구글 드라이브에 접속하면 'test.txt'라는 파일이 만들어진 것을 볼 수 있다. 구글 드라이브에 저장되어 있는 파일을 열어서 그 결과를 출력해보는 것은 아래의 코드로 할 수 있다. 실행해보고 화면에 위에서 저장한 글귀 'Hello Google Drive!'가 출력되는 것을 확인해보기를 바란다.

```
from google.colab import drive
drive.mount('/gdrive')
with open('/gdrive/MyDrive/test.txt', 'r') as f:
  print(f.read())
```

자, 이제 구글 코랩과 파이썬을 이용한 전산물리의 세계에 접어드는 첫 관문에 도착한 여러분을 환영한다.

# CHAPTER 2
## 첫 번째 프로그램

### 첫 번째 파이썬 프로그램

이제 첫 번째 파이썬 프로그램을 시작해 보자. 자신의 구글 계정으로 브라우저를 이용해 구글 코랩(https://colab.research.google.com/)에 연결하고 화면의 왼쪽 위 부분에 보이는 "파일" 탭을 클릭하자. 이어서 화면에 보이는 "새 노트"를 클릭하면 이제 첫 번째 프로그램 작성을 시작할 준비는 끝이다. 파이썬 프로그램과 그 실행 결과가 담길 노트북 파일의 이름은 "Untitled1.ipynb"로 자동으로 설정되어 있는 것을 화면에서 볼 수 있다. 파일이름이 있는 부분을 클릭해서 여러분의 첫 노트북 파일의 이름을 "myfirst.ipynb" 등 각자 원하는 이름으로 바꾸자. 함께 작성해 볼 가장 단순한 첫 프로그램은 내가 원하는 내용을 적어주면 화면에 보여주는 프로그램이다. 화면에 내용을 출력하는 파이썬 함수는 바로 print()다. 주피터 노트북의 입력 창에 print("안녕!")이라고 입력하고, 키보드로 Ctrl+Enter 또는 Shift+Enter(맥 컴퓨터라면 Command+Enter)를 누르거나 명령어 입력 줄 바로 왼쪽에 보이는 삼각형 모양의 플레이 버튼을 클릭하면, 바로 아래 줄에 "안녕!"이라는 글씨가 나타난다.

```
print("안녕!")
안녕!
```

print("안녕!")을 입력한 다음에 Ctrl+Enter가 아니라 그냥 Enter 키를 누르면 커서가 한줄 아래로 내려가고 아무 일도 일어나지 않는다. Enter는 프로그램을 작성할 때 줄 바꿈을 할 뿐, 프로그램을 실행하지는 않는다. 이렇게 Enter를 누른 다음에는 print("Hello!")라고 한 줄을 더 입력하고, 이제 Ctrl+Enter를 눌러보자. 출력으로 첫 줄에 "안녕!" 그리고 둘째 줄에 "Hello!"를 볼 수 있다.

```
print("안녕!")
print("Hello!")
```

안녕!
Hello!

## 파이썬은 계산기로 쓸 수도 있다

물리학에 관련된 계산을 하다보면 다양한 함수를 이용하게 된다. 프로그램 작성자가 모든 함수를 자신의 프로그램 안에서 정의하는 것은 상당히 비효율적이다. 파이썬의 수치계산용 패키지로 numpy가 널리 이용되는데 그 안에 정의되어 있는 함수를 불러와서 자신의 프로그램에 사용하려면 일단 numpy 패키지를 아래의 코드로 불러와야 한다.

```
import numpy as np
```

위의 명령을 입력하면 numpy 패키지가 프로그램 안에 호출되고(import), numpy가 아닌 np라는 짧은 이름을 앞으로 이용할 수 있게 된다. 예를 들어,

```
np.exp(1.0)
```

을 입력해 실행하면 numpy 패키지 안에 들어있는 지수함수 exp()를 불러와서 exp(1.0)의 값을 출력한다. numpy에는 지수함수 뿐 아니라 사인함수(sin), 코사인함

수(cos), 로그함수(log) 등 다양한 수학 함수가 있다. 함수 뿐 아니라 계산에 자주 이용되는 중요한 상수값도 이미 들어 있다. 원주율인 pi값도 있다.

```
np.pi
```

numpy와 같은 패키지를 프로그램에 불러오는 다른 방법도 있다.

```
from numpy import *
```

위의 방법을 이용하면 위에서 예로 든 `np.exp(1.0)`에서 **np**를 생략해 `exp(1.0)`으로 짧게 줄여서 함수를 사용할 수 있다. 하지만 **numpy**가 아닌 다른 파이썬 패키지에도 같은 이름의 함수가 있을 수 있다. 따라서 프로그램을 작성하는 단계 그리고 이후 문제가 발견되어 오류를 찾아야 할 때, 도대체 어떤 패키지의 함수를 사용했는 지를 혼동할 여지가 있다. 이 책에서는 위에서 먼저 소개한 방법(import numpy as np)으로 패키지를 불러오고, 패키지 안의 함수는 `np.exp(1.0)`과 같이 패키지의 이름을 명시하는 방식을 따른다.

덧셈(+), 뺄셈(−), 곱셈(*), 나눗셈(/)과 같은 간단한 수치 계산은 numpy를 이용하지 않고도 가능하다. 아래의 코드를 입력해 실행해보자.

```
import numpy as np

print(np.exp(1.0))
print(np.pi)
print(1+2)
print(2-3)
print(3*4)
print(4/5)

2.718281828459045
3.141592653589793
3
-1
12
0.8
```

또한 $3^2$같은 지수함수는 파이썬에서는 3**2로 쓴다. 그 밖에도 정수 나눗셈(integer division) //이 있다. 예를 들어, 5//2와 같은 연산을 수행하면 5를 2로 한 번 나눈 몫에 해당하는 2를 반환한다. 나머지(modulus)에 해당하는 연산은 %로 5%2는 나머지인 1을 반환한다. 이 밖에도 비트단위로 OR, AND, XOR 같이 논리연산을 하는 연산자(bitwise operator)도 존재한다.

프로그램에는 값이 하나로 정해진 수 뿐 아니라 프로그램이 실행되는 중에 값이 얼마든지 변할 수 있는 변수를 자주 이용한다.

```
x = 3
```

이라고 입력하면 파이썬에서는 3이라는 값을 x라는 변수에 할당(assign)한다는 뜻이다.

예를 들어, 아래를 실행해보라.

```
a = 1
b = 2
print(a+b)

3
```

파이썬 뿐 아니라 많은 프로그램에서 a=b는 a와 b가 같다는 뜻이 아니라 b의 값을 변수 a에 할당한다는 뜻이다. '같은가?'와 같은 조건은 조건문 안에서 a==b와 같이 등호(=)를 두 번 사용한다. '다른가?'는 a!=b이다. 느낌표(!)는 프로그램에서 주로 부정(not, ~)의 뜻으로 자주 사용된다.

둘 이상의 변수에 값을 동시에 할당하는 것은 파이썬에서 상당히 편하게 할 수 있다.

```
a, b = 1, 2
```

위의 코드에서 a에는 1을, b에는 2를 각각 할당한다. 이를 이용하면, 두 변수의 값을 서로 바꾸는 것은 아래처럼 쉽게 할 수 있다.

```
a, b = b, a
```

C/C++와 같은 다른 언어에서는 위를 temp=a; a=b; b=temp;로 해야 해서 파이썬보다 불편할 뿐 아니라 직관적이지도 않다. 아래의 코드를 살펴보고 그 의미를 생각해보도록 한다.

```
a, b = 1, 2
print(a, b)

a, b = b, a
print(a, b)

1 2
2 1
```

그 밖에도 +, -, *, /, **, //, % 등과 등호 =를 함께 쓰는 연산이 있는데 +=, -=, *=, /=, %=, //=, **= 식으로 사용한다. 예를 들어 x+=3은 x=x+3에 해당한다. x라는 변수가 현재 가지고 있는 값에 3을 더하고 그 결과를 새로운 x변수의 값으로 할당하라는 뜻이다.

파이썬에서는 사칙연산이 실수(real number)뿐 아니라 복소수(complex number)까지 기본으로 적용된다. 복소수의 허수 부분을 표현할 때에는 j를 수 뒤에 붙인다. 예를 들어 복소수 $2 + 3i$을 표현하기 위해서는 2+3j로 입력하면 된다. 사칙연산 중에 +, -, *, /, **까지는 복소수 연산이 가능하다. 정수 나눗셈과 나머지 연산은 복소수 연산이 불가하다.

**예제 1**

양성자나 전자의 질량은 현재 물리학의 틀 안에서 이론적으로 계산할 수 있는 양은 아니다. 과거에 다양한 가능성이 제시된 바 있는데, 어느 짧은 논문[Phys. Rev. B 82, 554 (1951)]에서는 두 값의 비율이 흥미롭게도 $6\pi^5$에 아주 가깝다는 발견이 보고되기도 했다. 현재 알려진 양성자의 질량 Mp = 938.272046 MeV와 전자의 질량 Me = 0.510998928 MeV를 이용해서 Mp/Me의 값과 논문에서 제안한 $6\pi^5$을 각각 출력하고, 상대오차도 계산하여 화면에 출력해보시오. (결과의 상대오차가 약 0.002%에 불과하다니 놀랍지 않은가!)

⊙ **파이썬 요약**

"#" 이후에 적히는 내용은 '주석'으로 간주되어 파이썬이 실행하지 않는다.

print("안녕") # "안녕"이라는 문자열을 화면에 출력한다.

import numpy as np # numpy 패키지를 불러오고 이후 이 패키지를 np로 줄여 부른다.

np.exp(x) # numpy 패키지 안에 들어있는 함수 exp()를 이용해 exp(x)의 값을 계산한다.

np.pi # numpy 패키지 안에 들어있는 상수값 원주율 pi를 불러온다.

# 그래프 그리기

## 그래프 그리기

프로그램에서 얻어진 결과를 출력하는 방법은 여러 가지다. 앞서 설명한 print()를 이용해 결과를 텍스트의 형태로 보여줄 수도 있지만 물리학 분야에서는 그래프의 형태로 결과를 직관적으로 보여줄 때가 많다.

파이썬에서 그래프를 그리려면 matplotlib 안에 들어있는 pyplot 패키지를 쓴다. 앞에서 이야기한 numpy 패키지와 더불어 이 책에서 가장 자주 이용할 패키지다. 둘을 함께 프로그램에 불러오는 방법은 다음과 같다.

```
import numpy as np,  matplotlib.pyplot as plt
```

이후에는 numpy는 np, matplotlib.pyplot은 plt라는 이름으로 줄여 쓸 수 있다.

## 데이터 파일을 불러오는 세가지 방법

그래프를 그릴 데이터는 프로그램이 실행되는 중에 생성되는 경우가 많지만, 이미 가지고 있는 데이터 파일을 불러와서 그래프를 그릴 수도 있다. 먼저, 교재의 홈페이지[1]에서 1954년부터 서울 지역의 매일 최저, 평균, 최고 기온이 담긴 데이터 파

---

1) https://sites.google.com/view/compphys/

24    Part I   프로그래밍 기초

일 seoul_temp.txt를 내려받자. 다음에는 구글 코랩 환경의 가장 왼쪽에 보이는 폴더 모양의 아이콘을 클릭하고는 업로드 버튼을 클릭하여 이 파일을 구글 코랩의 작업 폴더 안으로 옮기자. 아래는 그 결과 화면이다.

구글 코랩에서는 이 폴더 안에 있는 파일을 직접 쉽게 아래의 코드로 이용할 수 있다.

```
data = np.loadtxt("seoul_temp.txt", dtype="str")
```

이 데이터는 왜 스트링 자료형으로 읽어와야 할까?

위의 코드는 numpy 패키지의 loadtxt를 이용해 파일에 들어있는 데이터를 numpy의 어레이 형식의 data라는 변수로 할당한다. 앞에서 설명한 print()를 이용해 data를 출력해보자.

```
import numpy as np
data = np.loadtxt("seoul_temp.txt", dtype="str")
print(data)
```

```
[['1954-01-01' '-7.8' '-2.4' '4.0']
 ['1954-01-02' '-6.3' '-1.5' '2.0']
 ['1954-01-03' '-2.6' '0.7' '3.9']
 ...
 ['2021-12-29' '-3.8' '0.4' '5.9']
 ['2021-12-30' '-6.8' '-3.9' '0.2']
 ['2021-12-31' '-8.8' '-6.7' '-3.9']]
```

출력된 내용을 보면 첫 줄에는 첫 날짜인 1954-01-01의 최저기온, 평균기온, 최고기온이 보인다. 파일에는 이때부터 시작하여 2021-12-31까지 매일 매일의 서울 기온 자료가 담겨있다. 주의할 것은 모든 자료가 따옴표로 둘러싸여 있다는 점인데, 이는 앞에서 dtype='str'이라는 옵션을 주어 모든 자료를 수가 아닌 문자열로 불러왔기 때문이다. 참고로, 과거 기상 자료는 기상청 국가기상종합정보 홈페이지[2]에서 누구나 내려받을 수 있다.

위에서 소개한 방식으로 파일을 구글 코랩 안의 폴더로 업로드하는 방식은 무척 편리하지만 단점이 있다. 구글 코랩의 이용을 마치고 브라우저를 종료한 후, 다시 구글 코랩에 연결하면 앞서 업로드한 파일은 구글 코랩 내의 폴더에서 다시 볼 수 없다. 구글 드라이브에 파일을 저장하고 이를 구글 코랩에 연동하는 1장에서 소개한 방법을 이용하면 이 문제를 해결할 수 있다. 내려 받은 seoul_temp.txt 파일을 자신의 구글 드라이브에 탑재한 다음에 아래의 코드를 실행해보자. 코드를 실행하면 자신의 구글 드라이브를 구글 코랩에 연동하는 것을 허용하는 과정을 거쳐야 한다.

```
import numpy as np
from google.colab import drive
drive.mount("/gdrive")
data = np.loadtxt("/content/drive/MyDrive/seoul_temp.txt", dtype="str")
print(data)
```

```
[['1954-01-01' '-7.8' '-2.4' '4.0']
 ['1954-01-02' '-6.3' '-1.5' '2.0']
 ['1954-01-03' '-2.6' '0.7' '3.9']
 ...
 ['2021-12-29' '-3.8' '0.4' '5.9']
 ['2021-12-30' '-6.8' '-3.9' '0.2']
 ['2021-12-31' '-8.8' '-6.7' '-3.9']]
```

구글 드라이브에 연동하는 위의 방법이 아닌 다른 방법으로도 데이터 파일을 불러올 수 있다. 데이터 파일에 접근할 수 있는 연결 링크를 생성하고 이를 이용하는 방법이다. 데이터 파일을 필자의 드롭박스에 두고, 이 파일에 연결할 수 있는 공유 링크를 생성해 이 링크를 통해 데이터를 구글 코랩에서 불러오는 방법을 자주 이용한다. 아래의 코드를 실행해 그 결과를 확인하기를 바란다. 비슷한 방법으로 독자가

---

2) http://www.weather.go.kr/

자신의 github나 dropbox에 데이터 파일을 두고, 링크를 생성해 데이터 파일을 구글 코랩에 불러오는 방식을 한번 각자 시도해 보자.

```python
import numpy as np
import urllib.request
link = "https://url.kr/46d2ls" # 또는 https://dl.dropbox.com/s/wwl49lh9p4euvis/seoul_temp.txt
urllib.request.urlretrieve(link, 'seoul_temp.txt')
data = np.loadtxt('seoul_temp.txt', dtype='str')
print(data)
```

```
[['1954-01-01' '-7.8' '-2.4' '4.0']
 ['1954-01-02' '-6.3' '-1.5' '2.0']
 ['1954-01-03' '-2.6' '0.7' '3.9']
 ...
 ['2021-12-29' '-3.8' '0.4' '5.9']
 ['2021-12-30' '-6.8' '-3.9' '0.2']
 ['2021-12-31' '-8.8' '-6.7' '-3.9']]
```

위에서 구글 코랩에서 이미 가지고 있는 데이터 파일을 이용하는 세 방식을 소개했다. 어떤 방식을 따라 데이터 파일을 가져오는 지는 독자의 판단이다. 이 책의 앞부분에서는 구글 코랩 안의 폴더에 데이터 파일이 이미 존재해서 np.loadtxt() 만을 이용하는 경우인 첫 번째 방법을 주로 가정했지만, 구글 드라이브를 연동하는 두 번째 방법, 외부 공유링크를 이용하는 세 번째 방법도 얼마든지 독자가 이용할 수 있다.


## 파일에 담긴 데이터의 형태

위에서 출력한 내용에서 볼 수 있듯이 data는 행렬과 같은 구조인데, 행렬의 크기, 즉 행과 열의 개수는 아래의 코드로 쉽게 알 수 있다.

```python
print(data.shape)
```

```
(24837, 4)
```

data.shape은 변수 data에 저장된 내용이 어떤 모습(shape)인 지를 알려주는데, 출력된 내용인 "(24837,4)"으로부터 data는 24837행 4열의 구조를 가진다는 것을 알 수 있다(독자가 내려받은 seoul_temp.txt의 행수는 다를 수 있다). 즉, data에는

24837일 동안 서울 지역의 일일 기온이 날짜순으로 저장되어 있다. 이 중 일일 평균 기온은 세 번째 열인데, 이 평균기온 자료만을 data에서 뽑아내어 새로운 변수로 저장하려면 아래처럼 하면 된다.

```
y = data[:, 2].astype(float)
print(y)
```

```
[-2.4 -1.5  0.7 ...  0.4 -3.9 -6.7]
```

여기서 data[:,2]는 data의 모든 행(앞의 콜론 ':'의 의미다)에 대해서 2번째 열만 잘라 내는 것을 뜻한다. 주의할 점은 파이썬의 모든 배열에서 인덱스(index)는 1이 아니라 0으로 시작한다는 것이다. data[:,2]는 index = 2인 모든 행을 뜻하므로, 위에서 출력 해 본 data의 내용을 보면 세 번째 열, 즉 매일의 평균기온을 뜻하게 된다. 이처럼 배열에서 적당한 부분만을 잘라 오는 것을 잘라내기(slicing)라고 부르는데 다양한 방법으로 배열의 일부를 가져올 수 있다. astype(float)를 위의 예시처럼 뒤에 붙이면 data[:,2]를 이용해 가져온 평균기온 문자열을 float 자료형의 수로 바꾸게 된다. 잘라내기를 하지 않고 처음부터 세 번째 열만 바로 읽어올 수 있고 사용법은 아래와 같다.

```
y = np.loadtxt("seoul_temp.txt", dtype='float', usecols=2)
```

그럼 서울 지역 매달 초 기온을 1954년 1월 1일을 0번째 날, 1월 2일을 1번째 날의 식으로 번호를 차례로 붙여서 x번째 날의 평균기온을 y로 부른 후, y를 x의 함수로 그래프로 그려보자. 먼저 할 일은 x에 해당하는 리스트 만드는 것인데, 이는 다음과 같이 할 수 있다.

```
x = list(range(y.size))
```

range(N)는 0부터 N-1까지의 정수가 순서대로 들어있고, 이를 리스트로 만들기 위해 list() 함수를 사용했다. 리스트 x와 어레이 y를 모두 정의했으니 이제 matplotlib.pyplot의 명령어인 plot()과 show()를 이용해 쉽게 그래프를 그릴 수 있다3). 위에서 설명한 과정이 모두 담긴 프로그램은 아래와 같다.

```
import numpy as np,  matplotlib.pyplot as plt
data = np.loadtxt("seoul_temp.txt",dtype='str')
y = data[:,2].astype(float)
x = list(range(y.size))
plt.plot(x,y)
plt.show()
```

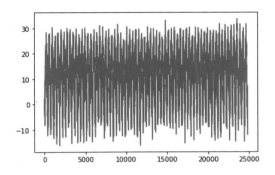

x축과 y축의 이름을 붙이려면 다음의 함수를 사용할 수 있다.

```
plt.plot(x,y)
plt.xlabel('day')
plt.ylabel('average temperature')
plt.title('Average Temperature in Seoul')
plt.show()
```

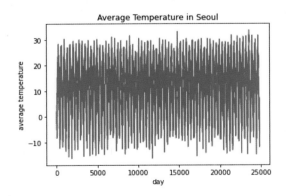

___
3) matplotlib — http://matplotlib.org/

# 함수 그리기

데이터의 형식으로 주어진 정보를 그래프로 그리는 것 뿐 아니라, 함수를 그래프로 그리는 것도 당연히 가능하다. $y = f(x)$의 그래프를 그리려면 먼저 x와 y를 어레이(배열) 또는 리스트로 만들어 값을 각각 저장하고 위의 방법을 따라 간단히 그래프를 그릴 수 있다.

예를 들어 $x = 0$부터 $x = 2\pi$까지 100개의 $x$값에 대해 $\sin(x)$를 구해, 이를 그래프로 그려보자. 그래프를 그리려는 목적을 생각하면 사실 100이라는 수는 상당히 임의적이다. 이처럼 코드를 작성 후 다음에 바꾸게 될 가능성이 있는 수는 코드의 앞부분에서 변수로 할당하고, 프로그램의 나머지 부분에서는 100이라는 수가 아니라 그 변수를 이용하는 것이 상당히 효율적이다. 즉, 아래의 코드를 앞부분에 추가하고, 다음에는 100이 아니라 변수 N을 이용해서 프로그램을 작성하는 것이 편리하다.

```
N = 100
```

그래프를 그리려면 주어진 x값에 대해 sin값을 구하는 과정을 N번 반복해야 하는데, 이처럼 어떤 과정을 여러 번 반복할 때는 for loop을 자주 이용한다. 아래에서는 0부터 $2\pi$사이에 N개의 x값을 추출하므로 x의 간격은 $dx = 2\pi/N$인데, 이처럼 매번 새로 계산할 필요가 없는 값은 for loop이 시작되기 전에 한 번만 계산하고 loop 안에서는 그 값을 이용하는 것이 효율적이다.

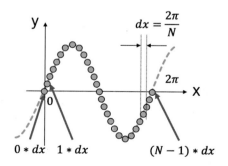

```
N = 100
dx = 2*np.pi/N
for i in range(N):
    x = i*dx
    y = np.sin(x)
```

여기서 for loop이 있는 줄의 마지막에 콜론(:)이 있어야 한다는 것을 잊지 말자. 또한, 반복하고자 하는 부분은 위에서처럼 앞에 빈 공백을 두고 들여서 써야 한다는 것도 잊지 말자. range(N)은 0부터 N-1까지 1의 간격으로 정수를 만들어낸다. for i in range(N):은 range(N)에서 하나씩 순서대로 정수를 i의 이름으로 가져와서 콜론 다음에 들여서 쓴 내용을 반복한다.

위의 코드만으로는 그래프를 그리기 위해 필요한 어레이 또는 리스트를 얻을 수는 없다. for loop이 반복될 때 x와 y값이 새로 계산되어 이전에 저장되어 있던 값들을 매번 덮어쓰기 때문이다. 계산된 값을 저장하기 위해서는 빈 리스트를 하나 만들고 여기에 값들을 하나씩 차곡차곡 순서대로 덧붙여 나가면 된다. 만일 어레이를 사용하려면, 처음부터 어레이의 크기를 N으로 설정하고 계산된 값을 인덱스에 맞게 할당한다.

그림을 그릴 때 이용할 리스트를 x_arr, y_arr라 부르고 처음에는 아무것도 저장되어 있지 않은 상태에서 시작해서 for loop안에서 값을 append를 이용하여 하나씩 추가한다. 그림을 그리는 전체 프로그램은 아래와 같다.

```
import numpy as np,  matplotlib.pyplot as plt
N = 100
x_arr = []
y_arr = []
dx = 2*np.pi/N
for i in range(N):
    x = i*dx
    y = np.sin(x)
    x_arr.append(x)
    y_arr.append(y)
plt.plot(x_arr, y_arr, "o")
plt.plot(x_arr, y_arr)
plt.show()
```

위에서 x_arr, y_arr 그림을 두 번 그렸는데, 윗줄에 있는 "o"는 연결 되지 않은 점을 원형 기호로 그리라는 옵션이다. 아랫줄의 plot은 연결된 주황색 실선을 그린다.

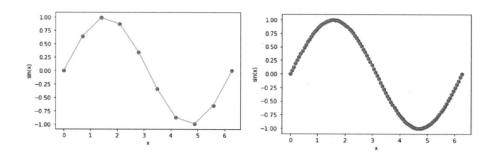

그림 왼쪽은 $N = 10$일 때, 오른쪽은 $N = 100$일 때이다.

hlines 함수를 이용하면 x축에 평행한 직선을 그려 넣을 수 있다. 예를 들어, y=0.5인 값에 평행한 선을 x=0에서 2pi까지 그려 넣으려면 plt.show() 전에 plt.hlines(0.5, 0, 2*np.pi) 라고 적어주면 된다.

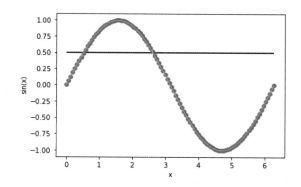

numpy를 이용하면 다른 식으로 for loop이 없이도 쉽게 그림을 그릴 수도 있다. 먼저, 일정한 간격으로 x값들이 들어있는 어레이를 하나 만들고는, 어레이 전체에 대해 한 번에 sin값을 구해 이를 y라는 이름의 어레이로 만드는 방법이다. 이렇게 어레이 x를 만들려면 numpy의 arange나 linspace를 이용하면 편리하다. linspace(a,b,N)은 a에서 b까지 N개의 값을 등간격으로 얻어서 어레이를 만든다. 이제 전체 코드는 다음과 같다.

```
import numpy as np,  matplotlib.pyplot as plt
N = 100
x = np.linspace(0,2*np.pi,N)
y = np.sin(x)
plt.plot(x,y)
plt.show()
```

위의 프로그램에서 y = np.sin(x)를 눈여겨 볼 필요가 있다. 여기서 x는 하나의 값이 아니라, 마치 여러 성분을 가진 벡터처럼 처리된다는 것을 알 수 있다. 이렇게 for loop 없이 x를 마치 한 개의 벡터처럼 간주해 계산하는 것을 벡터화(vectorization)라고 부른다. numpy에서 제공하는 많은 함수들은 이처럼 벡터화되어 있어서, 훨씬 효율적으로 한 번에 전체 배열에 대한 계산을 할 수 있다. 파이썬을 이용해 코드를 작성할 때는 가능하다면 항상 벡터화한 방식으로 코딩을 하는 것이 계산의 속도나 코드의 길이 면에서 더 효율적임을 잊지 말자. 참고로, math 패키지에도 sin함수가 들어있다. 위의 프로그램에서 import math로 이 패키지를 불러오고 np.sin 대신에 math.sin을 한번 시도해 보면, 에러 메시지가 출력되면서 프로그램이 작동하지 않는다.

math.sin과 np.sin이 무엇이 다른 지 생각해보라.

이번 장의 마지막 주제로 나만의 함수를 정의하고 이를 이용하는 방법을 소개한다. 예를 들어, $2\sin(x/2)\cos(x/2)$를 $f(x)$ 함수로 정의하는 방법은 아래와 같다.

```
def f(x):
   return(2*np.sin(x/2)*np.cos(x/2))
```

일단 이렇게 함수를 정의하면 프로그램의 다른 부분에서는 f(x)를 이용해 편리하게 코드를 작성할 수 있다.

위에서 정의한 f(x)를 이용해 그래프를 그려서, sin(x)를 그린 위의 결과와 비교해보라. 함수 f(x)의 정의에서 numpy 패키지에 정의된 함수를 사용했으므로 f(x)도 이미 벡터화되어 있음을 이용하라. 다음에는 numpy의 linspace대신에 arange를 이용해보고 배열을 만드는 두 방법의 차이를 기억하라.

일정한 중력장 $g$안에서 처음속력 $v_0$로 지면으로부터 $\theta$의 각도로 던져진 포물체의 시간 $t$에서의 좌표는 다음과 같다.

$$x = (v_0 \cos\theta)t, \ y = (v_0 \sin\theta)t - (1/2)gt^2.$$

이 포물체의 궤적을 그리시오. 단, $v_0 = 100\text{km/h}$, $g = 10\text{m/s}^2$, $\theta = 45\,^\circ$ 라 하자.

https://dl.dropbox.com/s/wwl49lh9p4euvis/seoul_temp.txt

  (또는 https://url.kr/46d2ls)

https://dl.dropbox.com/s/tiu4kxxh0o6fjdr/seoul_temp1.txt

  (또는 https://url.kr/ynejvb)

위의 두 링크를 통해 위에서 urllink를 이용하는 방법을 따라 데이터 파일을 이용할 수 있다. 혹은 교재 홈페이지 https://sites.google.com/view/compphys 를 방문해 직접 데이터 파일을 내려받고 구글 코랩 안의 폴더로 업로드해 이용할 수도 있다. seoul_temp1.txt에는 1908년부터 1949년까지의 일일 서울 기온 데이터가, 그리고 위에서 이용한 seoul_temp.txt에는 1954년부터 2021년까지의 기온 데이터가 담겼다. 1950년 9월부터 1953년 11월 사이의 기온 데이터는 기상청 자료에 누락되어 있는데 한국전쟁으로 기온 측정이 이루어지지 않았기 때문인 것으로 보인다. 이 두 파일의 데이터를 이용해서 1908년부터 2021년까지, 1950년부터 1953년의 4년을 제외한 매년의 연평균 기온을 계산해서, 장기적으로 서울의 연평균 기온이 어떻게 변했는지를 그래프로 그려 살펴보라. 과거의 추세가 계속된다고 가정하고 2050년의 서울의 연평균 기온을 예측해 보시오.

## ● 파이썬 요약

`import numpy as np, matplotlib.pyplot as plt` # numpy와 pyplot 패키지를 np, plt의 이름으로 각각 불러온다.

`data = np.loadtxt("seoul_temp.txt",dtype='str')`
　# 파일 "temp_in_seoul.txt"의 내용을 numpy의 어레이 자료형으로 불러온다. 자료의 타입을 스트링(str)으로 가져온다.

`data.shape` # 배열 data의 모양(shape)을 보여준다. 2차원 행렬의 꼴이라면 행과 열의 개수이다.

`y = data[:,2].astype(float)`　# 어레이 data의 내용에서 모든 행(:)에 대해서 index = 2인 열(즉, 세 번째 열)의 내용을 잘라내고 스트링 형식의 데이터를 float 형식으로 바꿔 어레이 y에 저장한다.

`y.size` # 어레이 y의 크기(즉, 자료의 개수)를 얻는다.

`plt.plot(x,y)` # 리스트 혹은 어레이 x, y를 각각 가로축, 세로축으로 그림을 그려 메모리 공간에 보관한다.

`plt.show()` # plot으로 그린 그림을 화면에 표시한다. show()이전에 plot()으로 여러 그래프를 그렸다면, show()는 전체 그래프를 한 좌표 평면에 모두 표시한다.

`range(N)` # 0부터 N-1까지 N개의 정수를 만든다.

`for i in range(N):` # range(N)에 들어있는 정수를 하나씩 순서대로 가지고와 반복 계산한다. 뒤의 콜론(:)을 빠뜨리면 않도록 주의한다.

`x_arr = []` # 비어있는 리스트 자료형의 변수를 생성한다.

`x_arr.append(x)` # 리스트에 x 값 하나를 추가한다. 리스트의 크기는 1만큼 증가한다.

`np.linspace(a,b,N)` # a부터 b까지(b를 포함한다) N개의 값을 같은 간격으로 가져와 어레이를 생성한다.

`np.sin(x)` # numpy 패키지 안에 들어있는 사인함수이다. numpy의 다른 많은 함수와 마찬가지로 벡터화되어 있어서, x가 리스트나 어레이인 경우에는 각 성분마다 sin 값을 계산하고, 이렇게 얻어진 결과 전체를 하나의 어레이로 돌려준다.

`def f(x):` # 함수를 정의하는 첫 줄이다. f 대신에 작성자가 원하는 함수 이름으로 바꿔 쓰면 된다.

`return(2*np.sin(x/2)*np.cos(x/2))` # 정의한 함수가 돌려주는 값을 괄호 안에 넣는다.

# CHAPTER 4
# 그 밖의 시각화

앞 장에서는 matplotlib.pyplot의 plot() 함수를 사용하여 기본적인 그래프를 그리는 방법을 배웠다. 대부분의 전산물리 실습에서 그 정도의 기능이면 충분하지만 여러 다양한 시각화 기능을 배워두면 유용하게 쓰일 때가 반드시 있다. 이번 장에는 matplotlib 패키지의 추가적인 그래프 그리기 함수들과 vpython[4] 패키지의 3차원 시각화에 대해서 다뤄보고자 한다.

두 수의 쌍으로 이뤄진 데이터를 흩뿌려 데이터의 퍼진 상태를 보는 방법으로 산포도를 그리는 방법이 있다. 이를 위해서는 scatter(x, y)와 같은 식으로 scatter() 함수를 활용하는 것이 좋다. 다음의 예를 보자. 여기선 우선 파이썬의 random을 써서 난수를 데이터로 삼겠다.

```python
import numpy as np, matplotlib.pyplot as plt

x = np.random.normal(0, 1, 10)  # 평균 0, 표준편차 1인 정규분포에서 10개를
                                # 뽑는다.
y = np.random.normal(0, 1, 10)
sizes = np.random.uniform(10, 100, 10) # 10과 100 사이의 10개를 크기로
                                       # 뽑는다.
colors = np.random.uniform(0, 1, 10)   # 0에서 1 사이의 값으로 색을 표시한다.

plt.scatter(x, y, s=sizes, c=colors)
```

---

4) VPython − https://vpython.org/

```
plt.xlabel('x')
plt.ylabel('y')
plt.colorbar()                      # 색으로 표시된 값의 범위를 그래프의 우측에
                                    # 보여준다.

plt.show()
```

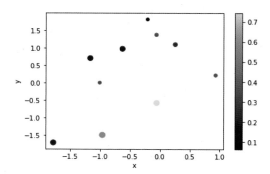

scatter() 함수와 비슷하게 plot() 함수를 `plot(x, y, "ko")`나 `plot(x, y, "k.")`과 같이 사용하여 산포도를 그릴 수도 있다. 여기서 'ko'는 검은색(black) 점(o)으로 그리라는 뜻이다.

가끔은 이산변수를 막대그래프로 그려야 하는 경우가 있다. 이때에는 bar() 함수가 유용하다. 막대그래프를 그리는 다음의 예를 보도록 하자.

```
import numpy as np, matplotlib.pyplot as plt

x = np.arange(7) + 0.5  # 0에서 6까지 정수에 0.5를 더한다.
y = np.random.uniform(1, 9, len(x)) # 1에서 9 사이의 난수

plt.bar(x, y, width=1, edgecolor='white') # 막대그래프의 경계를 흰색으로
한다.
plt.xlabel("days")
plt.ylabel("hours")
plt.show()
```

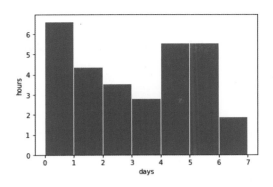

이런 막대그래프를 직접 그리기보다 종종 도수분포를 직접 보고 싶을 때가 있다. 이 때에는 hist() 함수를 사용한다. 다음을 hist() 함수를 사용하여 빈도수분포를 그리는 예이다.

```
import numpy as np, matplotlib.pyplot as plt

x = np.random.normal(0, 1, 10000)          # 평균이 0, 표준편차가 1인 정규분
                                           # 포 난수 1000개
plt.hist(x, bins=15, edgecolor='white')    # 도수분포를 15개 구간으로 나눈다.
plt.xlabel("x")
plt.ylabel("frequency")
plt.show()
```

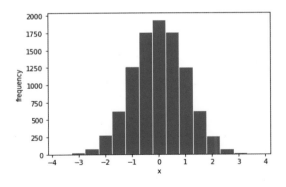

도수분포를 보기 위해서 15개의 상자를 그리라 했는데 그림에서는 13개의 막대 밖에 보이지 않는다. 어떻게 된 것일까? 사실 양 끝에 두 개의 상자가 더 있다. 워

낙 적은 빈도가 기록되어 보이지 않는 경우도 있다. hist() 함수를 사용할 때에는 데이터의 범위와 분포 특성에 따라서 상자의 개수를 적절히 조절해 줘야 하는 경우가 있다. 여기서 hist() 함수의 옵션으로 `density=True`를 edgecolor 옵션 뒤에 콤마를 붙이고 추가해 보자. 그렇게 하면 빈도수를 직접 보여주는 것이 아니라 비율 값으로 바꾸어준다. 누적 분포를 그리고 싶을 때에는 `cumulative=True` 옵션을 추가하여 주면 누적분포를 손쉽게 그릴 수 있다.

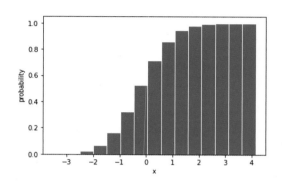

2차원 쌍으로 주어진 데이터의 도수분포는 hist2d() 함수를 활용할 수 있다. 이는 여러분들이 직접 확인해 보도록 과제로 남겨두겠다.

그 밖에도 데이터의 사분위수를 시각적으로 보여주는 박스 플롯 boxplot(X), 원형 차트로 상대적 크기를 비교하기 좋은 파이 플롯 pie(x) 등이 matplotlib 패키지에서 다양한 시각화 방법이 제공되니 활용해 볼 수 있도록 하자.

다음으로 사진과 같이 2차원 평면에 값이 주어지는 데이터를 시각화하는 방법을 생각해 보자. 간단히 사진을 보여주는 방법과 같다. 이를 위해서 2차원 공간의 각 점의 데이터를 저장한 행렬 혹은 배열이 있어야 한다. 이러한 배열 데이터가 주어진 경우에 가장 직관적인 시각화는 그 값을 색으로 그려보는 것이다. 이러한 함수가 바로 imshow()이다. 다음 예를 통하여 간단한 데이터를 생성하고 이를 그림으로 그려보자.

```
import numpy as np, matplotlib.pyplot as plt

wavelength = 15.0        # 파장이 15cm인 물결을 만들자.
k = np.pi*2/wavelength   # 이때 파수는 다음과 같이 정해진다.
```

```
side = 100              # 한쪽 변이 100cm라고 가정
points = 500            # 한 변을 500개의 점으로 촘촘히 나누어 계산한다.
spacing = side/points   # 100cm를 500개로 나누었을 때의 간격

A = np.empty( [points, points], float)    # 데이터를 기록할 빈 행렬
for i in range(points):
    y = spacing*i
    for j in range(points):
            x = spacing*j
            r = np.sqrt(x**2 + y**2)      # (0,0)에서의 거리를 계산
            A[i, j] = np.sin(k*r)         # 원형파형을 만들자.

plt.imshow(A, origin="lower", extent=[0, side, 0, side]) # (0,0)인 점
            을 아래 그린다.
plt.xlabel("x (cm)")
plt.ylabel("y (cm)")
plt.colorbar()
plt.gray()  # 흑백으로 표시 이를 선택하지 않으면 기본값은 viridis()이다.
plt.show()
```

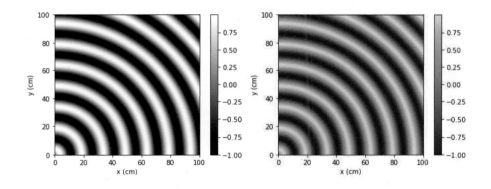

위 예에서와 같이 2차원 배열 형태의 데이터를 그림으로 시각화하는 imshow()는 2차원 공간 위의 한 점에서의 데이터를 색으로 표현한다. 그렇기에 어떤 색상으로 그 값을 표현하는지가 중요하다. 위 예에서는 흑백을 표현하기 좋은 gray()를 사용하였다. 선택할 수 있는 색상의 종류가 여럿 있다. 각각 직접 바꿔가며 차이를 살펴보자.

plt.gray() 부분을 다음으로 바꾸어 보자. jet(), hsv(), viridis(), hot(), spectral(), bone() (앞에 꼭 plt.를 덧붙인다.) 기본 색상이 viridis()로 바뀐 것이 얼마되지 않는다. 그 전에는 MATLAB과 같이 jet()을 기본값으로 사용하였다. jet()으로 표현하면 아래와 같다. viridis()와 jet()은 각각 어떤 장점과 단점

이 있을까 생각해 보자.

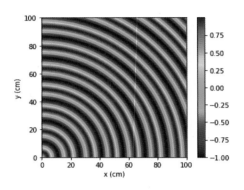

**과제 1**

위의 원형 파형을 만드는 코드를 바탕으로 두 개의 파형이 겹쳐져서 상쇄 간섭과 보강 간섭을 보이는 다음과 같은 패턴을 imshow()를 이용하여 그림으로 표현하여 보시오.

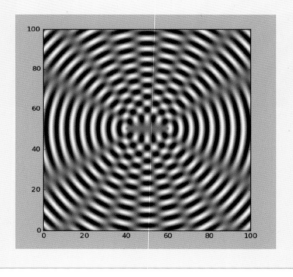

2차원의 스칼라 값이나 벡터값을 효과적으로 표현할 수 있는 다른 유용한 함수들도 살펴보길 바란다. 여기에서 모두 다루지는 않겠지만 앞으로 실습을 하는 중간에 종종 마주치는 함수들이 있을 것이다. 다음 함수들을 눈여겨 보자.

```
contour(X, Y, Z), contourf(X, Y, Z),
quiver(X, Y, U, V), streamplot(X, Y, U, V)
```

## 3차원 시각화를 위한 VPython

VPython 패키지는 3차원 입체도형을 그리고, 3차원 실시간 시각화를 쉽게 할 수 있도록 한다. 3차원 입체 애니메이션을 만들기 위해서 VPython 패키지 안에서는 JavaScript를 사용한다. 그렇기에 파이썬 프로그램을 개인 컴퓨터에 설치하고 idle 과 같은 기본 개발환경을 사용하고 있다면 다른 패키지들과 마찬가지도 VPython 패키지를 설치하고 사용하면 된다. 하지만 구글 코랩과 같은 환경에서는 원격에 있는 계산 자원을 사용하고 있기에 VPython 설치가 원활하지 않다. 이는 주피터(Jupyter) 환경을 사용하는 경우에도 몇몇 명령이 원하는 것과 같이 작동하지 않는 문제점을 일으키기도 한다. 최근 VPython은 Web VPython 환경을 제공하고 있다. 예전에 glowscript.org 사이트를 통하여 제공하던 서비스로 VPython을 위한 구글 코랩 환경에 해당한다.

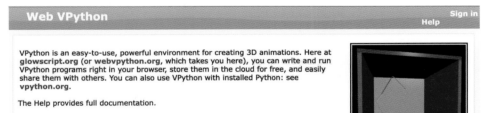

Web VPython 환경 사용을 위해서 사이트에 가입한 뒤에 예제 프로그램을 확인해 보면 다양한 물리 문제를 시뮬레이션하는 코드를 확인할 수 있다. 여기서는 기본적인 VPython 명령어를 소개하여 여러분의 예제 프로그램 활용을 돕고자 한다.

사이트[5])에 로그인하면 [MyPrograms]에서 [Create New Program]를 클릭하여 코드를 작성할 수 있는 환경으로 들어갈 수 있다. 가장 상단의 첫 줄에는 "Glow Script 3.2 VPython"이 쓰여 있는 것을 확인할 수 있다. 이 환경에서는 VPython 패키지가 이미 임포트(import)되어 있으므로 다시 임포트할 필요는 없다.

```
s = sphere( pos=vec(1,0,0), radius=0.1 )
```

위 한 줄만 입력한 뒤 [Run this program]을 눌러 실행해 보자. 어두운 배경에 흰색 공 하나가 놓인 화면을 마주할 것이다. 해당 화면의 오른쪽 하단 모서리를 잡고 늘리면 화면의 크기를 크게 할 수 있다. 그리고 화면에 마우스 커서를 가져가서 클릭 후 움직이면 화면의 공이 움직이는 것을 확인할 수 있다. 화면의 관찰자 시점이 바뀌는 것이다. 이번에는 마우스 휠을 이용하여 위 아래로 스크롤하여 보자. 공이 커지기도 작아지기도 할 것이다. 역시 관찰자의 위치가 앞뒤로 바뀌는 것이다. 마우스 클릭을 한 후 움직여 보면 관찰자의 시점이 회전한다는 것을 알 수 있을 것이다.

이번엔 다음과 같이 입력하고 실행해 보자.

```
scene.background = color.gray(1)
s = sphere( pos=vec(1,0,0), radius=0.1, color=color.cyan )
```

이번엔 흰 화면에 하늘색 공이 놓여있는 화면을 볼 수 있을 것이다. scene은 VPython 내에서 3차원 시각화가 이루어지는 공간 객체이다. 화면의 배경색을 바꾸기 위해서 scene.background에 color.gray(1)로 흰색을 입력하였다. color.white도 같은 역할을 한다. 비슷하게 sphere()라는 구형의 객체에 color 옵션을 color.cyan으로 하늘색 공으로 표현한 것을 알 수 있을 것이다. sphere()라는 명령어를 불러 그 주소를 s라는 변수에 넘겨준 것이다. 앞으로는 s 변수의 옵션에 다음과 같이 바로

5) Web VPython – https://glowscript.org/

접근할 수 있다. 여러분들의 코드에 s.radius = 1 한 줄을 추가하여 실행하여 보자. 어떤가? 공의 크기가 열 배 커진 걸 알겠는가? 이렇게 뒤에 어떤 코드가 나오는가에 따라서 내가 만든 객체를 조정할 수 있다.

이제 다음 코드를 추가하여 실행하여 보자.

```
for i in range(314):
    rate(10)          # 1초에 몇 번이나 반복문을 실행하는가를 나타낸다.
    theta = pi*0.1*i
    x = cos(theta)
    y = sin(theta)
    s.pos = vec(x, y, 0)
```

여러분이 만든 하늘색 공이 열 다섯 바퀴 가량 뱅글뱅글 돌다가 멈추는 것을 볼 수 있다. 위의 for 문은 314번 반복하며 각도 $\pi/10$를 이동시킨다. rate(10)은 반복문의 속도를 조절하여 적당한 속도로 애니메이션이 움직이도록 한다. rate(10)은 1초에 반복문을 10번 넘게 실행하지 말라는 뜻으로 괄호 안의 수를 높이면 애니메이션의 속도가 빨라진다. 1과 100을 넣어 비교해 보라.

위 코드에서 math 패키지를 따로 불러들이지 않아도 pi, cos, sin과 같은 함수를 사용할 수 있는 것을 볼 수 있다. Web VPython 환경에 math 패키지가 임포트되어 있다. 하지만 별도로 numpy 패키지를 임포트하려 하면 에러 메시지를 보게 될 것이다. 최근 GlowScript 3.2까지도 numpy 패키지를 임포트하지 못 한다. 참으로 불편한 점이 많다. 후에 이점이 꼭 개선되었으면 한다. numpy 패키지를 두고 math 패키지의 함수 밖에 사용할 수 없다는 것이 답답한 점이 많다.

VPython에서 만들 수 있는 3차원 입체 모양이 구형만 있는 것은 아니다. 기본적으로 구(sphere), 원통(cylinder), 원뿔(cone), 상자(box), 피라미드(pyramid), 화살표(arrow) 등이 있다. 그 사용 기본적인 사용법은 아래와 같다.

```
sphere( pos=vector(x,y,z), radius=R, color=C )
cylinder( pos=vector(x,y,z), axis=vector(a,b,c), radius=R )
cone( pos=vector(x,y,z), axis=vector(a,b,c), radius=R )
box( pos=vector(x,y,z), axis=vector(a,b,c), \
  length=L, height=H, width=W, up=vector(q,r,s) )
pyramid( pos=vector(x,y,z), size=vector(z,b,c) )
arrow( pos=vector(x,y,z), axis=vector(a,b,c), \
  headwidth=H, headlength=L, shaftwidth=W )
```

각 입체 도형은 pos라는 위치를 3차원 벡터 형식으로 받는다. 도형에 따라 추가로 정의해야 하는 값들이 있다. 원통의 길이와 반지름이 어떻게 정의되어 있는지 확인해 보자. 이제 몇 가지 예를 보고 어떤 결과가 나올지 확인해 보자. 다음의 코드는 어떤 결과를 보여줄까?

```
L, R = 3, 0.3

for i in range(-L,L+1):
    for j in range(-L, L+1):
        for k in range(-L, L+1):
            sphere( pos=vec(i,j,k), radius=R )
```

가로, 세로, 높이에 각 7개의 흰색 공이 놓여 있어 총 343개의 공을 3차원 공간에 배치하였다. 마우스를 클릭하고 그 사이로, 앞뒤로, 회전하며 살펴보자. 각각의 공에 다음의 옵션을 추가하여 보면 어떨까?

```
color = vec((i+L)/(2*L+1),(j+L)/(2*L+1),(k+L)/(2*L+1))
```

아래와 같은 색 공간을 표현할 수 있다. 각 공에 색을 위치 정보를 이용하여 부여하였다.

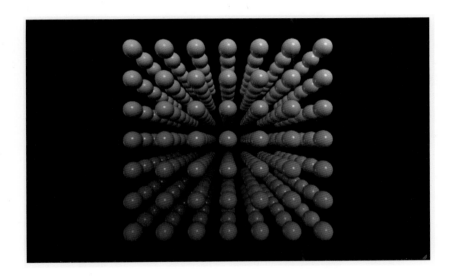

　위 코드는 각 공에 변수를 부여하지 않아 343개의 공을 따로 제어할 수 없다. 각 공의 속성을 나중에 바꾸려면 꼭 변수로 객체의 주소를 저장하여 두자. 그러기 위해서 여러 개의 객체를 저장하는데 어레이(array)를 사용할 수 있으면 좋겠으나 numpy 패키지를 사용할 수 없다. 여기서는 리스트(list)를 사용하여 보자. 다음 예를 보자.

```
s = [sphere]*10
for n in range(10):
    s[n] = sphere( radius=0.1, pos=vec(0.1*n, 0.1*n, 0.1*n) )
```

앞의 예에서는 s라는 변수에 sphere 객체형의 데이터가 들어 있는 리스트를 만들었
다. 각 리스트의 주소를 이용하여 구형 객체를 for 문 안에서 생성하여 모든 주소를
보관할 수 있다. 이런 기본적인 기능들을 조합하여 몇 개의 공이 동시에 움직이며
크기나 색깔이 변하는 애니메이션을 만들 수 있다.

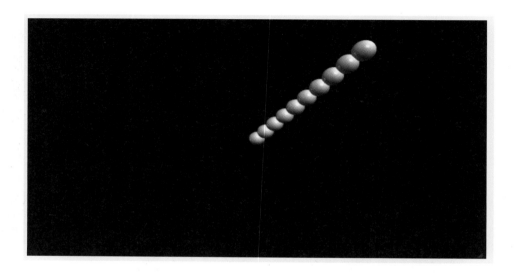

다음의 예를 통하여 위에서 배운 몇 가지를 조합하여 보자.

```
display( x=100, y=100, width=600, height=600, \
    center=vec(0,0,0), forward=vec(0,0,-1), \
    background=color.white, foreground=color.yellow )

ball1 = sphere( pos=vec(0,0,0), radius=0.3, color=color.green)  # 공1
ball2 = sphere( pos=vec(-10,5,0), radius=0.3, color=color.cyan) # 공2
pointer = arrow( pos=vec(0,0,0), axis=ball2.pos-ball1.pos, \ # 화살표
    headwidth=0.5, headlength=0.5, shaftwidth=0.2, color=color.red )
r = vec(-10,5,0)

while r.x < 10:
    rate(10)  # 애니메이션의 속도를 조정
    ball2.pos = r  # 공2의 위치를 r 벡터로 변경
    pointer.axis = ball2.pos-ball1.pos  # 화살표의 방향을 벡터 연산으로 수정
    r.x += 1   # r 벡터의 x 값을 1 증가시킨다.
```

처음 보는 display는 VPython 결과를 화면에 어떻게 보여줄 것인가를 결정한다. 첫 x, y는 컴퓨터 화면에서 창의 위치이고, width와 height가 창의 가로, 세로 크기이다. Web VPython에서는 항상 결과가 웹 브라우저 안에 표시되기에 x, y의 의미가 없다. 화면의 중심 위치는 center로 결정하고, forward는 바로 보는 방향을 나타낸다.

위의 예에서 arrow 함수를 살펴보자. 화살표는 화살표의 시작점과 끝점이 필요하다. 시작점은 pos로 주어지고, 끝점은 axis로 주어지는데 위 코드에서는 이를 다음과 같이 업데이트하였다.

```
axis = ball2.pos - ball1.pos  # 공2의 위치에서 공1의 위치를 빼는 벡터 연산
```

이는 화살표의 끝점을 얻기 위하여 공2의 위치에서 공1의 위치를 빼는 벡터 연산을

수행하는 것에 주목하라. 이런 벡터 연산이 가능하여 프로그램을 간략하게 할 수 있다. 위 예에서는 공2의 x 좌표가 1씩 증가하는 것을 붉은 화살표가 쫓아가며 위치를 보여준다. 다른 입체 도형들도 추가하여 각자의 애니메이션을 만들어 보자.

---

**과제 2**

지구는 태양으로부터 1 AU (약 149,598,000 km) 정도 떨어져 원 운동을 하는 것으로 기술할 수 있다. 그 주기는 1년인 365일이라 하자. 달은 지구를 0.0026 AU (약 384,400 km) 떨어져 공전하고 있다. 그 주기는 대략 27.3일이다. 한 달 동안 지구의 움직이는 궤도와 달이 움직이는 궤도를 애니메이션으로 나타내어 보시오.

---

⊙ **파이썬 요약**

`x = np.random.normal(0, 1, 10)` # 평균 0, 표준편차 1인 정규분포에서 난수 10개를 뽑아 x로 저장한다. x는 어레이이다.

`np.random.uniform(10, 100, 10)` # 10과 100 사이의 난수 10개를 균등 분포에서 뽑는다.

`plt.scatter(x, y, s=sizes, c=colors)` # (x, y) 쌍으로 표현되는 점들의 산포도를 그린다.

`plt.colorbar()` # 색으로 표시된 값의 범위를 그래프의 우측에 색상 막대 형태로 보여준다.

`plt.bar(x, y, width=1, edgecolor='white')` # 막대그래프를 그리고 경계를 흰색으로 한다.

`plt.hist(x, bins=15, edgecolor='white')` # 도수분포를 15개 구간으로 나누어 그린다.

`plt.imshow(A, origin="lower")` # A 배열을 색으로 그림 그린다. (0.0)인 점을 아래 그린다.

`s = sphere( pos=vec(1,0,0), radius=0.1 )` # (1,0,0)인 위치에 반지름이 0.1인 공을 그린다.

```
scene.background = color.gray(1) # 화면의 배경을 흰색으로 바꾼다. 기본값
    은 검은색이다.
```

# 수리 기초

# CHAPTER 5
# 급수 계산

## 급수 계산: if와 while의 활용

컴퓨터는 반복적인 계산을 하기에 적합하다. 이 장에서는 이런 유형의 문제를 프로그램으로 해결해 보고자 한다. 첫 번째의 예제로 $\pi$값을 급수를 이용해 계산해보자. $\tan(x)$는 $\tan(\pi/4)=1$을 만족하므로 $\tan(x)$의 역함수인 $\arctan(x)$를 이용하면 $\pi = 4\arctan(1)$로 적을 수 있다. $\arctan(x)$의 테일러 전개를 적어보면 아래와 같다.

$$\arctan(x) = x - \frac{x^3}{3} + \frac{x^5}{5} - \frac{x^7}{7} + \cdots$$

위의 식에 $x=1$을 대입해서 얻게 되는 급수 $1 - \frac{1}{3} + \frac{1}{5} - \frac{1}{7} + \frac{1}{9} + \cdots$에 4를 곱하면 $\pi$의 어림값을 얻을 수 있다. 급수의 $n$번째 항은 $\frac{(-1)^n}{2n+1}$의 꼴임을 이용하자(여기에서 $n$은 인덱스로, 0부터 시작하니 0번째 항의 값은 1이다).

```
N = 10000
sum = 0.0
for n in range(N):
    x = (-1)**n/(2*n+1)
    sum += x
    print(n, 4*sum)
```

```
Streaming output truncated to the last 5000 lines.
5000 3.1417926135957908
5001 3.1413927335598015
5002 3.1417925336597516
5003 3.141392813463889
5004 3.1417924537875974
5005 3.141392893304129
5006 3.1417923739792513
5007 3.1413929730805994
5008 3.1417922942346377
5009 3.141393052793376
```

위의 코드에서 a+=b는 a=a+b와 같다. 마찬가지로 a*=b는 a=a*b와 같은데, 둘 모두 a+=b 그리고 a*=b의 꼴로 적는 것이 더 효율적이고 더 직관적이다. 위의 코드를 실행해보면 원하는 $\pi$값에 수렴하기까지 상당히 많은 항을 더해 나가야 하는 것을 알 수 있어서, for loop이 실행될 때 모든 $n$값에 대해서 결과를 출력하는 것보다 적당한 간격으로 출력하는 것이 좋다. 예를 들어 $n$이 100, 200, 300, ...처럼 100의 간격으로 결과를 출력하려면 어떻게 해야 할까? $n$을 100으로 나눈 나머지가 0이 될 때만 출력하도록 아래와 같이 수정하면 된다.

```
if (n%100 == 0):
    print(n,4*sum)
```

여기서 a%b는 a를 b로 나눈 나머지를 뜻하고, x==y는 x와 y가 같다면 True를, 다르면 False를 주는 논리 연산이다. if (조건):은 괄호 안의 조건이 참(True)일 때만 콜론 아래의 들여 쓴 부분을 실행하는 조건문이다. for loop 대신에 파이썬의 while을 이용해 같은 계산을 할 수도 있다. while (조건):은 괄호 안의 조건이 참(True)인 경우에는 계속 loop을 반복하다가 거짓(False)이 되면 loop을 중단하게 된다. 위의 계산과 정확히 같은 식으로 작동하는 프로그램을 while을 이용해 작성하면 아래와 같다.

```
N = 10000
sum = 0.0
n = 0
while ( n < N ):
    x = (-1)**n/(2*n+1)
```

```
   sum += x
   if (n%100 == 0):
     print(n, 4*sum)
   n += 1
```

```
0 4.0
100 3.1514934010709914
200 3.1465677471829556
300 3.1449149035588526
400 3.144086415298761
500 3.143588659585789
600 3.143256545948974
700 3.1430191863875865
800 3.142841092554028
900 3.1427025311614294
```

n은 0부터 시작해서 1씩 증가하는데 while ( n < N ):을 이용했으므로, n이 N
보다 작다면 계속 계산을 반복하게 된다. 10,000개의 항에 대해 급수를 계산한 결
과를 보면 3.1417정도의 값이다. 만약 얻고자 하는 값이 소숫점 아래 두 자리 정도
까지였다면 10,000개의 항까지 더할 필요는 없다. 급수를 계속 계산하는 도중에 더
이상 값에 큰 변화가 없으면 계산을 중간에 중단하도록 코드를 작성할 수 있다. 예
를 들어, 현재의 급수값에 더해지는 항 하나의 값이 $10^{-4}$보다 작으면 loop이 중단
되게 하려면 아래처럼 하면 된다.

```
N = 10000
eps = 1E-4
sum = 0.0
n = 0
while( n < N ):
   x = (-1)**n/(2*n+1)
   sum += x
   if ( abs(x) < eps ): break
   if (n%100 == 0):
     print(n, 4*sum)
   n += 1
print(n, abs(x), 4*sum, np.pi)
```

많은 컴퓨터 프로그램 언어에서 $10^{-4}$은 "1E-4" 또는 "1e-4"로 적는다는 것도 기
억하자. 새로 추가된 줄 "if ( abs(x) < eps ): break"을 보면, 만약 x의 절댓값

abs(x)가 미리 정해놓은 eps의 값보다 작으면 while loop이 중단(break)되도록 되어 있다. 이처럼 조건이 성립할 때 수행되는 코드의 길이가 짧을 때에는 줄을 바꾸지 않고 콜론(:)뒤에 적는 것도 가능하다(if 뿐 아니라, for나 while문도 마찬가지다). 위 코드의 while loop은 n이 N에 도달해서 종료될 수도 있고, 혹은 x의 절댓값이 충분히 작아져서 중단될 수도 있다. 프로그램이 실행된 결과를 보면 x의 절댓값이 정해놓은 기준값보다 더 작아져서 중단되었음을 알 수 있다.

> ## ● while & for loop 차이
>
> for loop과 while loop은 모두 반복 계산을 수행할 때 사용한다. 그렇다면 두 loop의 차이는 무엇일까? for loop은 몇 번의 반복 수행을 할 것인지 미리 정하고 들어가지만, while loop은 그렇지 않을 수 있다는 점이다. 위의 예에서도 for loop을 사용할 때 첫 줄에 `for x in range(N)`:에 'N번만 반복하겠다'는 최대 수행 횟수를 지정해 준 셈이다. 물론 중간에 if 조건문을 이용한 중단 조건을 추가했지만, 만일 이 조건을 만족하지 못 한다 하더라도 코드는 최대 N번의 계산을 끝내면 중단된다. 반면 while loop은 수행 횟수가 아닌 중단 조건을 지정한다. 따라서 최악의 경우 수백 번, 수만 번의 계산을 수행해도 중단 조건을 만족하지 못한다면 이 while loop은 영원히 반복 계산을 수행한다.
>
> 두 방법의 장단점을 정리하면 다음과 같다. for loop은 최대 수행 횟수를 지정하므로 지정한 횟수를 초과하여 계산을 반복하는 일은 없지만, 원하는 조건을 만족하지 못하는 결과를 얻을 수 있다. while loop은 최대 수행 횟수와 상관없이 원하는 조건에 충족할 때까지 반복하여 결과의 질을 높일 수 있지만, 중단 조건을 제대로 설정하지 않으면 영원히 loop을 빠져나오지 못하고 무한히 계산할 수 있다. 경우에 따라 필요한 loop의 종류가 달라지니 참고하여 잘 활용하자.

> **예제 1**
>
> 위의 코드를 이용해서 n의 함수로 $\pi$의 어림값을 구해 그래프로 그리시오. 그래프에는 np.pi에 들어 있는 $\pi$값을 수평선으로 함께 표시하시오.

예제 2

Riemann의 zeta함수는 물리학에서 자주 등장한다.

$$\zeta(2) = 1 + \frac{1}{2^2} + \frac{1}{3^2} + \frac{1}{4^2} + \cdots$$

의 어림값을 구해 위의 예제와 마찬가지로 n의 함수로 그래프로 그리시오.

---

과제 1

연이율 100%인 정기예금 가입자가 1년 뒤에 받게 되는 돈은 원금의 2배다. 같은 연이율로 6개월 동안 예금하고 6개월 후 원리금을 찾으면 원금의 배를 $(1+1/2)$받게 되고, 이를 다시 정기예금에 가입하면 일 년 뒤에 받게 되는 돈은 처음 원금의 $(1+1/2)^2$배가 된다. 이를 일반화하면 1년이라는 전 기간을 $n$개의 구간으로 나눈 후 복리로 계산하면 원금의 $(1+1/n)^n$배를 받게 된다. $n$의 함수로 $(1+1/n)^n$를 구하고, 이를 상수 $e$의 값과 비교해 그래프로 그리는 프로그램을 작성하시오.

---

● 파이썬 요약

sum += x # 이 식은 sum = sum + x와 같지만, 더 효율적인 코딩 방식이다.

if (n%100 == 0): # "n을 100으로 나눈 나머지가 0이다"가 참(True)이면 아래를 실행한다.

    print(n,4*sum)

while(n < N): # "n이 N보다 작다"가 참(True)이면 아래에 이어지는 부분을 계속 반복한다.

break # while이나 for를 이용한 반복계산이 break를 만나면 중단되어 loop아래로 건너뛰어 프로그램 실행이 이어진다.

# CHAPTER 6
# 근 찾기

## 방정식의 근 찾기

방정식의 근 찾기는 물리학에서 자주 맞닥뜨리는 문제다. 풀어야 하는 방정식은 일반적으로 $f(x) = 0$의 꼴로 적을 수 있다. 이 방정식을 만족하는 미지수 $x$를 구하는 두 종류의 수치 계산 방법이 널리 쓰인다.

### 이분법
먼저 이분법(bisection method)에 대해 알아보자. 이분법은 수학의 중간값 정리를 이용한다.

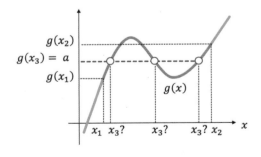

중간값 정리에 의해 폐구간 $[x_1, x_2]$에서 연속인 함수 $g(x)$가 $g(x_1) < g(x_2)$를

만족하면, $g(x_1) < a < g(x_2)$인 임의의 값 $a$에 대해서 $g(x_3) = a$가 되는 $x_3$가 구간 $(x_1, x_2)$에 적어도 하나 존재한다.

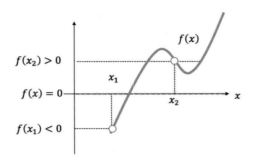

코드를 작성해서 방정식 $f(x) = 0$의 근을 이분법을 적용해 구하려면 먼저 해야 할 일이 있다. $f(x_1)$과 $f(x_2)$의 부호가 다른 적절한 $x_1$과 $x_2$를 찾는 거다. 예를 들어 만약 $f(x_1) < 0$이고, $f(x_2) > 0$인 두 점 $x_1$과 $x_2$를 찾았다면, 중간값 정리에 의해서 $f(x) = 0$을 만족하는 $x$가 구간 $(x_1, x_2)$안에 반드시 있다.

아래에서 살펴보겠지만 이분법을 이용해 근을 찾는 과정에서 매 단계마다 구간의 크기는 절반으로 줄어들게 되므로, 처음 시작하는 구간의 폭 $x_2 - x_1$을 굳이 아주 작게 하려 노력할 필요는 없다. 적당히 넉넉한 구간을 처음 구간으로 시작해도 이분법은 단계마다 구간의 크기를 절반으로 줄이므로, 근이 그 안에 존재할 것으로 예상되는 구간의 크기는 지수함수로 급격히 줄어든다.

처음 구간 $[x_1, x_2]$을 정하려면 $f(x)$의 그래프를 별도의 프로그램을 이용해 그려 보는 것이 도움된다. 근을 구하고자 하는 함수 $f(x)$를 정의하고[예를 들어, $f(x) = \sin(x)$], 그림을 그려보면서 근이 그 안에 존재하는 적절한 구간 $[x_1, x_2]$을 먼저 정한다. 이를 이분법이 처음 시작하는 값으로 이용하는 것을 추천한다. (함수를 화면에 그래프로 그리는 무료 프로그램들이 있다. 필자가 이런 용도로 사용하는 프로그램은 gnuplot이다. 사용하기도 쉬운 프로그램이다. 예를 들어 $\sin x$의 그래프를 그리려면 gnuplot을 실행하고는 "plot sin(x)"라고만 입력하면 된다.)

위에서 소개한 방법으로 먼저 $[x_1, x_2]$을 정하면 당연히 $f(x_1)$과 $f(x_2)$의 부호가 다르다. 즉 $f(x_1)f(x_2) < 0$이다. 다음에는 새로운 값 $x_3$을 $x_1$과 $x_2$의 절반, $x_3 = (x_1 + x_2)/2$를 택하고 $f(x_1)f(x_3)$의 부호를 조사한다. 만약 $f(x_1)f(x_3) < 0$

이라면 무슨 의미일까? 이 경우에는 중간값 정리를 생각하면 실제의 근 $x$는 구간 $[x_1, x_3]$에 있다는 뜻이므로, 다음 단계를 진행할 때는 $x_1$의 값은 그냥 두고, $x_2$의 값을 $x_3$로 바꾼다. 만약 $f(x_1)f(x_3) > 0$이면, 실제의 근 $x$는 구간 $[x_1, x_3]$ 안에 있지 않고 뒤 절반 구간인 $[x_3, x_2]$ 안에 있다는 의미이다. 이 경우에는 $x_2$의 값은 그냥 두고 $x_1$의 값을 $x_3$로 바꾼다.

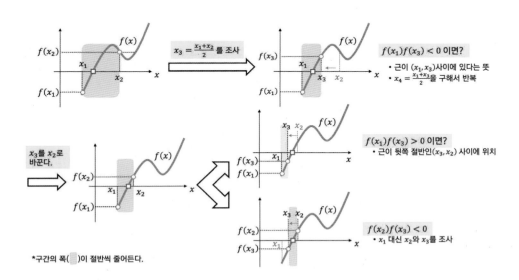

위의 과정을 한 번 진행하면 원래의 구간보다 폭이 절반으로 줄어든 새로운 구간 $[x_1, x_2]$을 얻게 되므로, 이제 이렇게 얻어진 새로운 구간 $[x_1, x_2]$을 이용해 위의 과정을 계속 반복하면 된다. 이 과정이 반복될 때마다 구간의 폭은 절반으로 줄어든다.

    그럼 $\sin(x) = 1/2$, 즉 $f(x) = \sin(x) - 1/2 = 0$의 근을 찾아보자. 이 방정식의 근은 무한히 많다. 이 중 0보다 큰 가장 작은 근을 찾아보자. $f(0) < 0$이고 $f\left(\dfrac{\pi}{2}\right) > 0$이므로, $x_1 = 0$, $x_2 = \dfrac{\pi}{2}$으로 택하면 찾고자 하는 근은 이 두 값의 사이에 있다. 다음은 이분법을 이용해 $f(x) = \sin(x) - 1/2 = 0$의 근을 찾는 코드이다.

```
import numpy as np, matplotlib.pyplot as plt
eps = 1E-8 #얻고자 하는 해의 유효숫자
def f(x): # f(x)를 sin(x)-1/2로 정의
    return np.sin(x)-0.5
x1 = 0; x2 = np.pi/2.0
while ( (x2 - x1) > eps ):
```

```
x3 = (x1+x2)/2.0
if (f(x1)*f(x3) < 0.0): x2 = x3
else: x1 = x3
print( x3, f(x3))
```

위 프로그램에서는 구간의 크기 $x_2 - x_1$가 미리 정해놓은 값(eps)보다 작아지면 계산이 도중에 중단되도록 했다.

```
0.7853981633974483 0.20710678118654746
0.39269908169872414 -0.11731656763491022
0.5890486225480862 0.05557023301960218
0.4908738521234052 -0.028603263174002358
0.5399612373357456 0.014102744193221661
0.5154175447295755 -0.007101807770215962
0.5276893910326605 0.0035383837257175754
```

코드를 실행해서 얻는 결과의 처음 몇 줄은 위와 같다.

---

예제 1

위에서 근을 구하는 과정에서 $x_3$의 값이 단계가 진행되면서 최종값으로 수렴하는 모습을 그래프로 그려보시오. 지수함수의 꼴로 수렴함을 세로축을 로그 스케일로 그려 확인하시오.

---

과제 1

자성체가 높은 온도에서 자성을 잃는 상전이 현상을 통계물리학에서는 이징 모형을 이용해 설명한다. 자성체를 구성하는 작은 스핀이 다른 모든 스핀과 상호작용을 한다고 가정하면 온도 $T$에서의 자성체의 자화도 $m$은 $m = \tanh\left(\dfrac{m}{T}\right)$을 만족함을 통계역학을 이용해 보일 수 있다. 이 식을 이용해서 자화도 $m$을 이분법으로 찾아 온도 $T$의 함수로 그리시오. 상전이가 일어나는 온도인 $T_c$는 얼마인가?

**과제 2**

각도 $\theta_0$와 속력 $v_0$로 물체를 던지면 포물선 운동을 하고, 처음 높이에 다시 도달할 때 수평 이동거리는 $X = \dfrac{v_0^2}{g}\sin 2\theta_0$이다. 중력가속도는 $g = 9.8\,\text{m/s}^2$, 처음 속력은 $v_0 = 100\,\text{m/s}$이다. 포물체가 출발한 위치에서 수평방향으로 1km의 거리에 있는 지면 위의 표적을 맞추기 위한 발사각도 $\theta_0$를 이분법을 이용해 구하시오. 다음에는 $\theta_0 = \pi/4$로 고정하고 처음 속력을 조정하여 같은 표적을 맞추려 한다. 표적을 맞추는 처음 속력 $v_0$를 이분법을 이용해 구하시오.

## 뉴턴 방법

다음에 소개할 방정식의 근을 찾는 방법은 뉴턴 방법(Newton's method)이다. 이분법과 달리 뉴턴 방법에서는 구간이 아닌 적절한 값 $x_1$에서 시작한다. 그림을 보자.

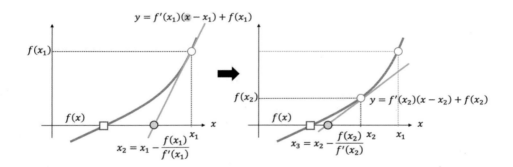

$f(x) = 0$의 근을 찾기 위한 과정은 다음과 같다. 먼저, 처음 값 $x_1$에서 $f(x)$의 접선의 방정식을 구하면 $y = f'(x_1)(x - x_1) + f(x_1)$이다. 뉴턴 방법에서는 $x_1$에서의 접선이 $x$축과 만나는 위치를 다음 $x_2$로 택하게 되는데 위의 식으로부터 $x_2 = x_1 - \dfrac{f(x_1)}{f'(x_1)}$를 얻게 된다. 접선이 $x$축과 만나는 위치에서 다음 접선을 구하고, 이 접선이 다시 $x$축과 만나는 점을 $x_3$값으로 하는 과정을 반복하는 것이 뉴턴 방법이다. 위에서 구한 식을 일반화하면 뉴턴 방법에서 $n$번째의 단계에서, $x_n$에서 출발하여 얻는 새로운 값 $x_{n+1}$은 다음과 같다.

$$x_{n+1} = x_n - \frac{f(x_n)}{f'(x_n)}$$

그림에서 보듯이 이 과정이 반복되면 $x_n$은 점점 더 정확한 근으로 수렴한다.

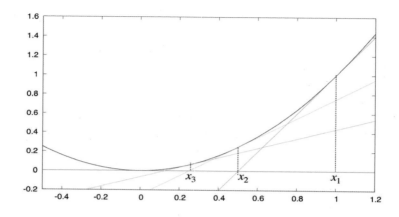

그림은 뉴턴 방법으로 $f(x) = x^2 = 0$의 근을 찾는 과정이다. 적절한 처음값 $x_1$에서 시작해 $x_{n+1} = x_n - \dfrac{f(x_n)}{f'(x_n)}$ $(f'(x) = 2x)$을 반복하면 $x_n$은 정확한 근인 $x = 0$을 향해 빠르게 접근함을 보여준다.

앞에서 이분법으로 $f(x) = \sin(x) - 1/2 = 0$의 근을 찾아보았다. 같은 방정식의 근을 뉴턴 방법으로 찾는 코드를 아래에 적었다. 이분법을 적용할 때와 마찬가지로 뉴턴 방법에서도 적절한 처음값 $x_1$을 찾는 것이 좋다. 먼저 $y = f(x)$의 그래프를 그려보자. 0보다 큰 가장 작은 근을 찾기 위해서 $x_1 = 1$에서 시작하자. 뉴턴 방법에서는 $f'(x) = \cos x$도 함수로 정의해야 함을 잊지 말자.

```
import numpy as np, matplotlib.pyplot as plt
eps = 1E-8 #허용 오차
def f(x):
    return np.sin(x)-0.5
def df(x):
    return np.cos(x)
x = 1
while ( np.abs(f(x)) > eps ):
    x -=  f(x)/df(x)
    print( x, f(x))
```

여기에서는 $f(x_n)$의 함숫값이 0에 충분히 가까워지면 계산을 중단하도록 설정하였다.

```
0.36800013418556066 -0.14024981951210885
0.5183136441498523 -0.00458401992587 6759
0.5235907856809277 -6.919487377243794e-06
0.5235987755798704 -1.5959511490137857e-11
```

> **예제 2**
>
> 예제 1에서 이분법으로 근이 최종값으로 수렴하는 모습을 그래프로 그려보았다. 뉴턴 방법을 이용해 마찬가지의 그래프를 그리고, 그 결과를 이분법을 이용한 예제 1의 결과 그림과 비교하시오. 둘 중 어떤 방법이 더 빠른가? 그 이유는 무엇인가?

> **과제 3**
>
> 이분법 대신 뉴턴 방법을 이용해 과제 1에 해당하는 그림을 그리시오.

> **과제 4**
>
> 뉴턴 방법을 복소수로 확장해 $z^3 - 1 = 0$의 해를 구하는 문제를 생각하자. 위에서 소개한 식 $x_{n+1} = x_n - \dfrac{f(x_n)}{f'(x_n)}$이 복소수에 대해서도 성립한다고 가정해 $z_{n+1} = z_n - \dfrac{f(z_n)}{f'(z_n)}$를 이용하자. 물론 $f'(z) = 3z^2$이다. 뉴턴 방법을 적용하는 처음 복소수 값이 얼마인지에 따라 $z^3 - 1 = 0$의 해는 $e^{i(2\pi/3)}$, $e^{i(4\pi/3)}$, 1 중 하나로 수렴한다. $e^{i(2\pi/3)}$로 수렴하는 처음 값 $z_1$은 빨간색으로, $e^{i(4\pi/3)}$로 수렴하는 $z_1$은 초록색, 1로 수렴하는 $z_1$은 파란색 점으로 해서, 복소평면 위의 사각형($z_1 = x + iy$, $x \in [-1, 1], y \in [-1, 1]$) 안의 점들을 색으로 표시해 그림을 그리는 코드를 작성하시오.
>
> 그림의 일부분을 확대하면 전체와 비슷한 모습이 다시 나타난다. 이렇게 얻

어지는 구조는 부분이 전체와 닮은 프랙탈(fractal, 혹은 쪽거리)이라고 부른
다. 이 과제에서 얻어지는 프랙탈 패턴을 뉴턴 프랙탈이라 부른다.

# CHAPTER 7
# 곡선 맞춤

물리학 실험이나 자연을 관찰해서 얻는 데이터는 여러 다양한 이유로 오차가 포함되어 있어 정확하지 않은 경우가 많다. 예를 들어 먼 은하까지의 거리 $d$와 그 은하가 우리로부터 멀어지는 속도 $v$를 측정했다고 해보자. 두 양이 서로 비례해서 먼 은하일수록 더 빨리 멀어진다는 것이 바로 천문학자 허블이 밝힌 유명한 허블의 법칙이다. 두 양 사이의 관계를 수식으로 적으면 $v = Hd$인데($H$는 비례상수다). 실제 관측 자료로 얻은 $d$와 $v$가 이 식을 따라 정확히 직선 위에 놓이지는 않는다. 곡선 맞춤(curve fitting) 방법을 이용하면, 관측 자료 $d$와 $v$가 $v = Hd$를 따른다는 가정 하에 허블 상수 $H$의 값으로 어떤 것이 가장 적절한지를 구할 수 있다.

일반적으로 두 양 사이에 $y = f(x)$의 관계가 있다고 하자. 실험이나 관측을 통해 얻어지는 $N$개의 자료는 $\{(x_1, y_1), (x_2, y_2), (x_3, y_3), \cdots, (x_{N-1}, y_{N-1}), (x_N, y_N)\}$의 형태로 적을 수 있다. 곡선 맞춤은 주어진 데이터 자료를 이용해 가장 적절한 함

수 꼴 $f(x)$를 정하는 것을 뜻한다. 실제 데이터와 가장 가까운 함수를 찾으려면 실험값과 함숫값 사이의 차이를 가장 작게 하면 된다. 가장 널리 쓰이는 방법은 최소제곱법(least-square method)이다. '제곱'이라는 말이 들어있는 이유는 관측값과 함숫값, 둘 사이 차이의 제곱을 모두 더한 양을 이용하기 때문이고, '최소'의 의미는 바로 이 양을 최소로 한다는 뜻이다. 실제 자료와 함숫값 차이의 제곱을 모두 더한 양을 오차(error)의 뜻으로 $E$라 하면, $E = \sum_{n=1}^{N} [y_n - f(x_n)]^2$이다. 대부분의 상황에서는 함수 $f(x)$의 형태를 가정한 뒤, $E$를 최소로 하는 함수의 조절변수 값을 구하는 문제가 된다.

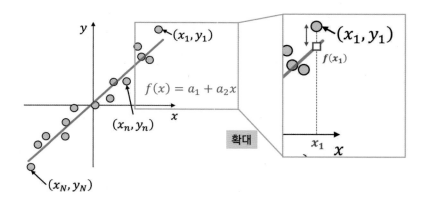

예를 들어 $f(x) = a_1 x + a_2$와 같은 형태로 가정한다면, 최소제곱법을 이용해 찾고자 하는 것은 $a_1$과 $a_2$의 값이다. 이와 같이 함수를 기술하는 조절변수가 $M$개라면 조절변수 전체를 하나의 벡터 $\vec{a} = (a_1, a_2, a_3, \cdots, a_M)$처럼 적을 수 있다. $E$의 최솟값은 모든 $a_i$에 대해서 $\frac{\partial E}{\partial a_i} = 0$를 만족한다. 이는 $E$의 극값을 찾는 조건이나, $E$의 형태가 제곱의 합으로 주어지기 때문에 극값이 최솟값이다.

간단한 예로 $f(x) = a_1 x$라면, $E = \sum_{n=1}^{N} (y_n - a_1 x_n)^2$이다. $E$의 최솟값을 찾기 위하여 이를 유일한 조절변수인 $a_1$로 미분하면, $\frac{\partial E}{\partial a_1} = -2 \sum_{n=1}^{N} (y_n - a_1 x_n) x_n = 0$이다. 즉, $a_1 = \frac{\sum x_n y_n}{\sum x_n^2}$를 얻게 된다. 위에서 소개한 허블 상수 $H$를 구하는 문제가 바로 이 경우다. 교재의 홈페이지 https://sites.google.com/view/compphys에서 hubble.txt를 내려 받아서 허블 상수를 구해보자. 혹은 3장에서 설명한 urllib의 방법을 이용해 링

크 https://dl.dropbox.com/s/gwt5qla1292te9n/hubble.txt 또는 https://url.kr/mjq5wh 을 이용할 수 있다. 파일 안의 각 줄의 첫 수는 Mpc의 단위로 은하까지의 거리이 며, 두 번째 수는 km/s의 단위로 은하가 멀어지는 속도다. 참고로, 파일에 들어있는 데이터는 허블의 초기 논문에 보고된 값이라서 현재 우주론에서 추정하고 있는 값 과는 큰 차이가 있다.

```
import numpy as np, matplotlib.pyplot as plt
data = np.loadtxt("hubble.txt")
x = data[:,0]
y = data[:,1]
Sxy = np.sum(x*y)
Sxx = np.sum(x*x)
H = Sxy/Sxx
print(H)
plt.plot(x,y,"x")
plt.plot(x,H*x)
plt.xlabel("d")
plt.ylabel("v")
plt.show()
```

501.5476244341996

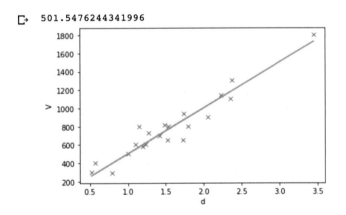

위 코드에서는 식 $a_1 = \dfrac{\sum x_n y_n}{\sum x_n^2}$을 직접 적용해 허블 상수 $H$를 구했다. 허블의 논문 데이터와 곡선 맞춤법을 적용해 얻은 함수 $f(x)$를 그래프로 함께 볼 수 있다. 허블 상수 $H$는 시간의 역수 차원을 가진다. 현재 우리로부터 가장 먼 은하까지의 거리를 $R$, 그 은하의 후퇴속도를 $V$라 하고, 그 은하가 우리와 같은 위치에 있었던

순간으로부터 경과한 시간을 $T$라 하자. 만약 $V$가 일정했다고 가정하면, $T = R/V$ 인데, 허블의 법칙 $v = Hd$에 의하면, 이 값이 다름 아닌 허블 상수의 역수가 된다.

위 코드에서 얻은 허블 상수를 가지고 우주의 나이를 추정하면 얼마일지 계산해 보라.

---

**예제 1**

교재의 홈페이지 https://sites.google.com/view/compphys에서 fish.txt 파일을 내려 받으시오. 혹은 링크 https://dl.dropbox.com/s/6p1578jebin5o9y/fish.txt나 https://url.kr/k43ayv를 3장의 urllib를 이용한 방법을 쓸 수도 있다. 이 파일에는 우리나라 민물고기 한 종의 여러 개체의 길이(첫째 열, $L$)와 무게(둘째 열, $M$)의 측정 자료가 들어 있다. 무게와 길이는 $M = AL^b$의 관계가 있고, $y = \ln M$, $x = \ln L$로 바꿔 적으면 $y = a + bx$의 꼴이 된다. 오차함수 $E$로부터 $\partial E/\partial a = 0, \partial E/\partial b = 0$을 얻고 이를 연립해서 풀어 $E$가 최소가 되는 $a$와 $b$ 각각의 표현식을 유도하시오. 내려 받은 파일에 들어있는 데이터를 이용해, $a$와 $b$ 값을 구하는 코드를 작성하시오. 자료 데이터와 얻은 함수를 함께 그래프로 그리시오.

---

최소제곱법을 적용해 곡선을 맞추는 방법에서는 오차함수 $E$가 최소가 될 때 그 미분값이 0이라는 것을 이용했다. 데이터를 기술하는 함수의 모양이 복잡하거나, 함수에 들어있는 조절 변수가 여럿일 때는, $\partial E/\partial a_i = 0$을 모든 $a_i (i = 1, 2, \cdots, M)$에 대해서 연립해서 풀기가 쉽지 않은 경우가 많다. 이럴 때는, $\vec{a}$의 현재 값에서 출발해서 $E$를 조금씩 한 단계씩 줄여나가는 방법을 많이 쓴다.

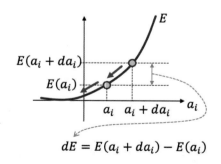

미적분학에서 배운 것을 돌이켜 보자. 스칼라 마당(scalar field) $\phi(\vec{x})$이 주어져 있을 때 $\vec{x}+\vec{dx}$에서의 값과 $\vec{x}$에서의 값의 차이는 $d\phi = \phi(\vec{x}+\vec{dx}) - \phi(\vec{x}) = \nabla\phi \cdot \vec{dx}$로 경사(gradient, 혹은 기울기) $\nabla\phi$를 이용해 적을 수 있다. 이 식에 의해 $\vec{dx}$의 방향을 $\nabla\phi$와 같은 방향으로 고르면, $\phi(\vec{x})$가 가장 빨리 증가하는 방향이 된다. 오차함수 $E$를 줄이는 수치 계산 방법인 경사하강법(gradient descent method)을 이용한다. 물론, $E$를 늘이는 것이 아니라 줄이는 것이 목표이므로, $-\nabla E$의 방향을 택하면 된다.

조절 변수들$(a_1, a_2, \cdots, a_M)$이 만드는 벡터공간에서 현재의 위치가 $\vec{a}$라면, 가장 빨리 $E$의 값을 줄이는 방향은 바로 $-\nabla E$의 방향이다. 즉, 적당히 작은 상수 $c$를 택하고 $\vec{da} = -c\nabla E$로 하면, 각각의 조절 변수 $a_i$에 대해 $a_i \to a_i - c\dfrac{\partial E}{\partial a_i}$의 과정을 반복해 오차함수 $E$가 최소인 점을 찾아갈 수 있다. 오차함수 $E = \sum_{n=1}^{N}[y_n - f(x_n)]^2$을 조절 변수의 함수로 생각해 적으면 $E(\vec{a}) = \sum_{n=1}^{N}[y_n - f(x_n;\vec{a})]^2$의 꼴이므로 $\dfrac{\partial E}{\partial a_i} = -2\sum_{n=1}^{N}[y_n - f(x_n;\vec{a})]\dfrac{\partial f(x_n;\vec{a})}{\partial a_i}$이다.

자, 경사하강법을 따라 위에서 살펴본 허블 상수의 문제를 구현해 보자. 이 문제에서는 조절변수가 $H$ 하나이므로 $f(x;H) = Hx$로 적을 수 있고,

$$\frac{\partial E}{\partial H} = -2\sum_{n=1}^{N}(y_n - Hx_n)x_n$$

이다. 현재의 $H$ 값을 다음 단계에서는 $H + c\sum(y_n - Hx_n)x_n$로 바꾸는 과정을 반복한다. 이때 $c$는 적당히 작은 값을 택하여 각 단계에서 $H$가 조금씩 변하도록 하는 것이 좋다. $c$가 지나치게 작으면 수렴하는 데 오래 걸리고, $c$가 지나치게 크면 수렴하지 않을 수 있다.

```
import numpy as np, matplotlib.pyplot as plt
eps = 1.0E-5; c = 0.01; H = 10.0
data = np.loadtxt("hubble.txt")
x = data[:,0]; y = data[:,1]
Sxy = np.sum(x*y); Sxx = np.sum(x*x)
DeltaH = c*(Sxy - H*Sxx)
while ( np.abs(DeltaH) > eps ):
```

```
    H += DeltaH
    DeltaH = c*(Sxy - H*Sxx)
print(H)
plt.plot(x,y,"x")
plt.plot(x,H*x)
plt.xlabel("d")
plt.ylabel("v")
plt.show()
```

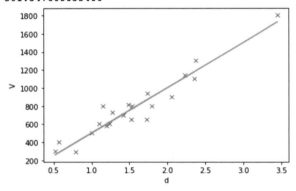

501.547608655466

## 예제 2

예제 1의 $a, b$를 경사하강법을 이용해 계산하는 코드를 작성하시오. 자료 데이터와 얻은 함수를 함께 그래프로 그리시오.

## 과제 1

교재 홈페이지 https://sites.google.com/view/compphys에서 mers.txt 파일을 내려 받으시오. 3장에서 설명한 urllib 방법과 링크 https://dl.dropbox.com/s/qom45288gvomft2/mers.txt 또는 https://url.kr/jnc4fs을 이용할 수도 있다. 이 파일에는 과거 우리나라에서 전염병 메르스(MERS)가 전파될 때의, 일일 누적 환자수가 들어 있다. 최종적으로 $K$명의 환자가 전염되었다고 하면, 주어진 시간 $t$에서 $N(t)$명의 환자가 하루에 추가로 전염시키는 사람의 수는 $N(1 - N/K)$에 비례한다. $N$명의 환자가 아직 병에 걸리지 않은 사람을 만날 확률은 $(1 - N/K)$에 비례하기 때문이다. 이로부터 누적 환자수가 매일 어떻게 늘어나는지를 기술하는 미분방정식은 $\dfrac{dN}{dt} = rN\left(1 - \dfrac{N}{K}\right)$로 적을 수 있다. $N(t = 0) = 1$을 처음 조건으로 하고 이 미분방정식의 해석적인 해 $N(t; r, K)$를 구하시오. 코드와는 별도로 풀이를 적어 제출하시오. $r$과 $K$의 값을 경사하강법을 이용해 구하는 코드를 작성하시오. 데이터와 최종 곡선 맞춤 결과를 그래프로 함께 표시하시오.

앞에서 경사하강법을 이용해 곡선 맞춤을 하는 방법을 소개했다. 이를 위해서는

$$\frac{\partial E}{\partial a_i} = -2\sum_{n=1}^{N}\left[y_n - f(x_n; \vec{a})\right]\frac{\partial f(x_n; \vec{a})}{\partial a_i}$$

를 계산해야 했다. $f(x; \vec{a})$의 편미분 $\dfrac{\partial f(x_n; \vec{a})}{\partial a_i}$을 해석적으로 구하고, 이를 코드에서 직접 이용했다. 다른 방법도 있다. 코드 안에서 수치적인 방법으로 미분값의 어림값을 구해도 된다. 방법은 간단하다. 현재의 $\vec{a}$에서 $a_i$를 $a_i + da_i$로 $da_i$만큼 아주 조금 변화시킨 후,

$$\frac{\partial E}{\partial a_i} \approx \frac{E(a_1, a_2, \cdots, a_i + da_i, a_{i+1}, \cdots, a_M) - E(a_1, a_2, \cdots, a_i, a_{i+1}, \cdots, a_M)}{da_i}$$

을 이용하면 된다. 허블 상수를 구하는 위의 코드를 수치 미분을 적용해 다시 적어보자.

```
import numpy as np, matplotlib.pyplot as plt
def f(x,H):
    return(H*x)
def E(x, y, H):
    return np.sum( (y - f(x,H))**2 )
eps = 1.0E-5
c = 0.01; dH = 0.001 # H의 충분히 작은 변화량 dH
data = np.loadtxt("hubble.txt")
x = data[:,0]
y = data[:,1]
H = 10.0; DeltaH=1
```

```
while ( np.abs(DeltaH) > eps ):
    dEdH = (E(x,y,H+dH) - E(x,y,H))/dH
    DeltaH = -c*dEdH
    H += DeltaH
    print(H)
plt.plot(x,y,"x")
plt.plot(x,H*x)
plt.xlabel("d")
plt.ylabel("v")
plt.show()
```

```
596.632983237505
483.15352573641576
505.10521895310376
500.8588395145489
501.680267645861
501.52136894495925
501.552106627787
501.54616066865856
501.5473108662991
501.5470883704256
501.5471314112074
501.5471230846015
```

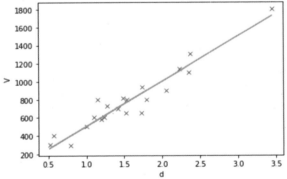

위 코드에서 수치 미분을 위해 H의 충분히 작은 변화량 dH를 정의해 이용했다. 또한, 한 단계에서의 H의 변화량 DeltaH가 eps로 정의된 값보다 작아지면 계산을 멈추도록 했다. DeltaH는 while loop 안에서 계산되므로 처음 값으로 적당히 큰 값 1을 부여했다.

**예제 3**

예제 2의 코드를 수치 미분을 이용해서 바꿔 작성하시오.

**과제 2**

과제 1의 코드를 수치 미분을 이용해서 바꿔 작성하시오.

# PART III

# 물리 기초

# CHAPTER 8
# 일차 미분방정식

## 일차 미분방정식의 수치 적분

예를 들어 다음과 같은 미분방정식을 생각해 보자.

$$\frac{dx}{dt} = f(x)$$

위의 식은 $dx = f(x)dt$로 적을 수 있으므로, $dx = x(t+dt) - x(t)$임을 이용하면 $x(t+dt) = x(t) + dtf(x(t))$가 된다. 이 식의 우변은 시간 $t$에서의 정보에만 관련 있으므로, 이를 이용해 시간 $(t+dt)$에서의 정보를 얻을 수 있다. 이 식에서 정확히 등호가 성립하는 조건은 당연히 $dt$가 0으로 수렴하는 경우인데, 컴퓨터 프로그램을 이용해서 $dt$라는 시간이 경과한 다음의 정보를 얻으려면 충분히 작지만 너무 작지

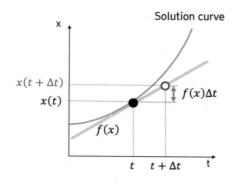

는 않은 $dt$를 이용할 수밖에 없다. 위의 방식으로 미분방정식을 적분하는 것을 오일러 방법(Euler method)이라고 부른다.

$$x(t + \Delta t) = x(t) + \Delta t f(x(t))$$

위의 식에서 좌변을 테일러 전개하면 다음과 같다.

$$x(t + \Delta t) = x(t) + \Delta t \frac{dx}{dt}\bigg|_t + \frac{1}{2}\Delta t^2 \frac{d^2 x}{dt^2}\bigg|_t + O(\Delta t^3)$$

위 식의 우변과 비교하면, 한 스텝의 오일러 방법의 오차는 $O(\Delta t^2)$이다. 주어진 시간동안 미분방정식을 적분하는 전체 스텝의 수는 $\Delta t$에 반비례한다. 그러므로 오일러 방법의 정확도는 $\Delta t$에 비례하게 된다. 수치적분 방법의 정확도가 $\Delta t^n$에 비례하면 $n$차 방법($n$-th order method)이라 한다. 따라서 오일러 방법은 1차 적분방법이다.

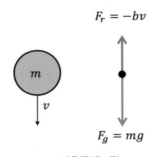

자유물체그림

수치적분 방법을 적용하고자 먼저 살펴볼 간단한 고전역학 문제는 공기의 저항을 받으며 아래로 떨어지는 물체의 운동이다. 이 물체에 작용하는 힘은 아래를 향한 중력($mg$)과 물체 속도와 반대 방향인 공기 저항력으로 구성된다. 물체의 속도가 아주 빠르지 않을 때에는 저항력을 간단히 $-bv$로 적을 수 있어서($b$는 상수이고, 속도가 클 때는 $v^2$에 비례하는 저항력이 중요해진다) 알짜힘은 $F = -bv + mg$가 된다. 즉, 이 경우 물체의 속도는 아래 미분방정식을 따른다.

$$F = ma \rightarrow m\frac{dv}{dt} = -bv + mg \rightarrow \frac{dv}{dt} = -\frac{b}{m}v + g$$

여기에서 $f(v) = g - \dfrac{b}{m} v$로 적고, 위에서 유도한 오일러 방법 $v(t + \Delta t) = v(t) + \Delta t f(v)$에 적용하면 결국 $v(t + \Delta t) = v(t) + \Delta t (g - \gamma v)$가 된다. 여기서 $\gamma = b/m$ 이다. 자, 이 식을 적분하는 프로그램을 작성해 보자.

```
import numpy as np, matplotlib.pyplot as plt
g = 9.8; gamma=1.0; dt = 0.05; maxt = 10.0
v = 0.0
t_arr = []
v_arr = []
for t in np.arange(0, maxt, dt):
    t_arr.append(t)
    v_arr.append(v)
    v += dt*(g-gamma*v)
plt.plot(t_arr,v_arr)
plt.xlabel("t")
plt.ylabel("v")
plt.show()
```

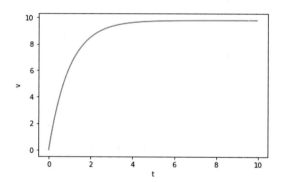

여러 줄의 명령을 한 줄에 적으려면 g = 9.8; gamma=1.0처럼 세미콜론(;)을 이용하면 된다. np.arange(a,b,d)는 a에서 b까지 d의 간격으로 나열된 수들의 어레이를 얻는 방법이다. 위의 미분방정식의 해는 해석적으로도 어렵지 않게 얻을 수 있다. $\dfrac{dv}{(g - \gamma v)} = dt$의 꼴로 적고 양변을 적분하면

$$\int \frac{dv}{v - g/\gamma} = - \int \gamma dt$$

이므로 $\ln(v - g/\gamma) = -\gamma t + C$이고, $v - g/\gamma = C' \exp(-\gamma t)$이다. 계수 $C'$을 결정

하고자 처음 조건인 $v(t=0)=0$을 대입하면 $v=\dfrac{g}{\gamma}(1-e^{-\gamma t})$이 운동방정식의 해가 된다.

---

**예제 1**

오일러 방법을 이용한 위 코드에서 $v=\dfrac{g}{\gamma}(1-e^{-\gamma t})$에서 수치적분 결과를 뺀 값의 절댓값(오차)을 시간의 함수로 그리시오. $dt$를 0.001, 0.005, 0.01, 0.02, 0.05, 0.1, 0.2, 0.5로 바꾸면서 각각의 $dt$에서 오차의 최댓값을 구하고, 이를 $dt$의 함수로 그리시오.

---

위에서 살펴본 오일러 방법은 실제 연구나 계산에서는 널리 쓰이지 않는다. 충분히 정확한 결과를 얻기 위해 사용해야 하는 $\Delta t$의 값이 너무 작아서, 주어진 시간 (위 코드의 `maxt`)까지 적분하기 위해 필요한 계산량이 많기 때문이다. 오일러 방법에 비하면 계산량이 두 배 정도에 불과하지만 계산의 정확도는 $\Delta t^2$에 비례해서 훨씬 정확한 2차 방법이 널리 쓰이는데, 가장 대표적인 것으로는 2차 룬제-쿠타 방법 (2nd-order Runge-Kutta method)이 있다.

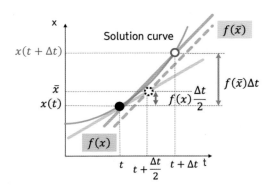

$x(t+dt)=x(t)+dtf(x)$를 직접 이용하는 것이 오일러 방법이라면 룬제-쿠타 방법에서는 우변의 $f(x)$대신에 $f\left(x\left(t+\dfrac{dt}{2}\right)\right)$를 이용한다. 물론 $x\left(t+\dfrac{dt}{2}\right)$를 먼저 구해놓아야 이 식을 쓸 수 있기 때문에 룬제-쿠타 방법은 다음과 같은 과정으로 진행한다. 이 중 $t+\dfrac{dt}{2}$에서의 $x$의 값을 구하는 첫 번째 식은 위에서 설명한 오일러

방법과 같다.

$$\overline{x} \equiv x\left(t + \frac{\Delta t}{2}\right) = x(t) + \frac{\Delta t}{2}f(x)$$
$$x(t + \Delta t) = x(t) + \Delta t f(\overline{x})$$

런제-쿠타 방법을 오일러 방법과 직관적으로 비교해 보자. 오일러 방법은 물체의 속도를 $t$에서 구하고, 이 속도를 유지하여 물체가 $t + dt$까지 같은 속도로 등속 운동한다고 가정하는 것에 해당한다. 한편, 2차 런제-쿠타 방법에서는 입자의 속도를 $t + \frac{dt}{2}$에서 구하고 이 속도를 유지하며 입자가 $t$에서 $t + dt$까지 등속 운동한다고 가정한다. 위에 적은 런제-쿠타 방법 수식의 좌변과 우변을 각각 테일러 전개해 비교하면 한 스텝에서의 오차가 $O(\Delta t^3)$임을 쉽게 보일 수 있다(꼭 계산해서 확인해 보기를 추천한다). 즉, 위에서 소개한 런제-쿠타 방법의 정확도는 $\Delta t^2$으로 2차 방법(2nd-order method)이다.

런제-쿠타 방법말고도 자주 이용하는 2차 방법이 몇 가지 있다. 그 중 하나가 수정-오일러 방법(modified Euler method)이다. 수정-오일러 방법에서는 물체의 속도를 $t + \frac{dt}{2}$에서 구하고 이 속도로 물체가 등속 운동한다고 가정하는 런제-쿠타 방법과 달리, $t$에서의 속도와 $t + dt$에서의 속도의 평균값으로 물체가 $t$에서 $t + dt$까지 등속 운동한다고 가정하는 방식이다. 이를 식으로 적으면 아래와 같다.

$$\overline{x} = x(t) + \Delta t f(x)$$
$$x(t + \Delta t) = x(t) + \Delta t \frac{f(x) + f(\overline{x})}{2}$$

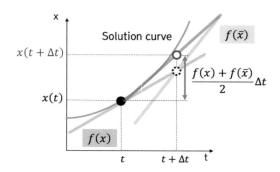

수정-오일러 방법도 마찬가지로 2차 방법이라는 것을 위 식의 양변을 테일러 전개

해 직접 확인해보기를 추천한다. 자, 이제 위에서 오일러 방법을 이용해 풀었던 공기 중에서 저항력을 받으며 낙하하는 물체의 운동을 수정-오일러 방법을 써서 프로그램으로 구현해보자.

```
import numpy as np, matplotlib.pyplot as plt
g = 9.8; gamma=1.0; dt = 0.05; maxt = 10.0
v = 0.0
t_arr = []
v_arr = []
for t in np.arange(0, maxt, dt):
  t_arr.append(t)
  v_arr.append(v)
  a = g - gamma*v
  vtem = v + dt*a
  atem = g - gamma*vtem
  v += dt*(a + atem)/2.0
plt.plot(t_arr,v_arr)
plt.xlabel("t")
plt.ylabel("v")
plt.show()
```

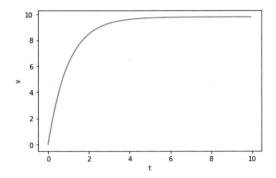

**예제 2**

수정-오일러 방법을 이용한 위 코드에서 얻은 수치 적분 결과에서 $v = \frac{g}{\gamma}(1-e^{-\gamma t})$를 뺀 값의 절댓값(오차)을 시간의 함수로 그리시오. $dt$를 0.001, 0.005, 0.01, 0.02, 0.05, 0.1, 0.2, 0.5로 바꾸면서 각각의 $dt$에서 오차의 최댓값을 구하고, 이를 $dt$의 함수로 그리시오. 위에서 살펴본 오일러 방법을 이용해 그린 그래프와 비교해 수정-오일러 방법의 장점에 대해 생각해 보시오.

**예제 3**

2차 룬제-쿠타 방법을 적용해 위의 예제를 따라하고 오일러 방법, 2차 룬제-쿠타 방법, 수정-오일러 방법을 비교하시오.

**과제 1**

교재 홈페이지에서 "mers.txt"파일을 다운 받으시오. 이 파일에는 과거 우리나라에서 전염병 메르스가 전파될 때의, 일일 누적 환자수가 들어있다. 최종적으로 $K$명의 환자가 전염되었다고 하면, 주어진 시간 $t$에서 $N(t)$명의 환자가 하루에 전염시키는 사람의 수는 $N(1-N/K)$에 비례하게 된다. $N$명의 환자가 아직 병에 걸리지 않은 사람을 만날 확률은 $(1-N/K)$에 비례하기 때문이다. 이로부터 하루하루 어떻게 누적 환자수가 늘어나는지를 기술하는 미분방정식은 $\frac{dN}{dt} = rN\left(1 - \frac{N}{K}\right)$로 적을 수 있다. $N(t=0)=1$을 초기조건으로 하고, $r = 0.25$, $K = 186$으로 해서, 이 미분방정식을 2차 룬제-쿠타 방법을 적용해 수치적분하는 코드를 작성하고 그 결과를 mers.txt에 담긴 실제의 데이터와 함께 그리시오.

● **파이썬 요약**

g = 9.8; gamma=1.0; dt = 0.05 # 여러 줄의 명령을 연결해 한 줄로 적을 때에는 세미콜론(;)을 이용한다.

np.arange(a,b,d) # a에서 b까지 d의 간격으로 나열된 숫자들의 어레이를 얻는다. a, b, d는 실수이고, 경곗값 중 b는 포함되지 않는다.

np.max(np.abs(error)) # 어레이 error의 각 요소의 절댓값으로 이루어진 어레이를 얻고 그 안에서 가장 큰 값을 돌려준다. 이 장의 예제에서 오차의 최댓값을 얻을 때 유용하게 이용할 수 있다.

# CHAPTER 9

# F=ma

## F=ma: 이차 미분방정식의 수치적분

물리학의 고전역학에서 가장 중요한 식은 단연 $F = ma$이다. 힘 $F$가 주어진 경우 물체의 가속도는 $a = F/m$이 되므로, 이를 이용하면 물체의 속도 $v$와 위치 $x$를 시간의 함수로 구할 수 있다. $F = ma$를 미분방정식의 형태로 적으면 다음과 같다.

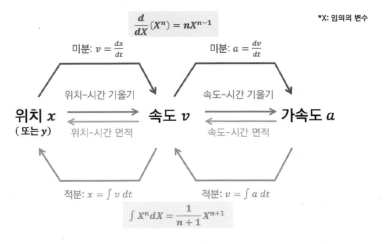

$$\frac{d}{dX}(X^n) = nX^{n-1}$$

*X: 임의의 변수

미분: $v = \frac{dx}{dt}$      미분: $a = \frac{dv}{dt}$

위치-시간 기울기      속도-시간 기울기

**위치 $x$**   (또는 $y$)    **속도 $v$**    **가속도 $a$**

위치-시간 면적      속도-시간 면적

적분: $x = \int v\, dt$      적분: $v = \int a\, dt$

$$\int X^n dX = \frac{1}{n+1}X^{n+1}$$

위치와 속도와 가속도의 관계

$$a = \frac{dv}{dt} = \frac{F}{m}$$

$$v = \frac{dx}{dt}$$

위의 두 식은 모두 시간에 대해 한 번 미분한 꼴로 쓰여 있어서 일차 미분방정식이라고 부른다. 원래의 뉴턴의 운동방정식은 $a = \frac{d^2x}{dt^2} = \frac{F}{m}$이므로 한 개의 이차 미분방정식이지만, 이를 두 개의 연립된 일차 미분방정식의 형태로 적을 수 있다는 것이 중요하다.[6] 즉 고전역학의 많은 문제들은 일차 미분방정식을 프로그램을 통해 어떻게 수치 적분하는지를 익히면 풀 수 있다.

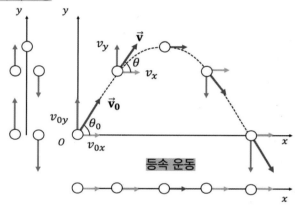

물리학을 공부할 때 가장 먼저 배우는 운동 중 하나인 포물체의 운동을 살펴보자. 물체가 움직이는 평면을 $(x, y)$평면이라 하고, 중력의 방향을 $-y$방향으로 하면, 포물체를 기술하는 뉴턴의 운동방정식 $\vec{F} = m\vec{a}$은 $\frac{d^2x}{dt^2} = 0$, $\frac{d^2y}{dt^2} = -g$로 각 방향에 대해 나눠 적을 수 있다. 이를 일차 미분방정식의 꼴로 바꾸면 $\frac{dv_x}{dt} = 0$, $\frac{dx}{dt} = v_x$, $\frac{dv_y}{dt} = -g$, $\frac{dy}{dt} = v_y$의 네 식을 얻을 수 있다.

다음 프로그램은 (0,0)에서 처음 속력 10m/s, 지면으로 부터의 각도 $\pi/4$로 던져진 포물체의 궤적을 보여준다. 앞 장에서 배운 수정-오일러 방법을 따라 y방향의

---

6) 고전역학을 배울 때 등장하는 해밀톤의 운동방정식 $\frac{dp}{dt} = -\frac{\partial H}{\partial x}$, $\frac{dx}{dt} = \frac{\partial H}{\partial p}$이 바로 $x$에 대한 이차 미분방정식인 뉴턴의 운동방정식을 $x$와 $p$에 대한 연립된 두 개의 일차 미분방정식의 형태로 적은 꼴이다.

물체의 위치를 구할 때에는 t에서의 y방향 속도와 t+dt에서의 y방향 속도의 평균값을 이용했다.

```
import numpy as np, matplotlib.pyplot as plt
g = 9.8; v_init = 10; theta = np.pi/4.0
dt = 0.01; maxt = 10.0
vx = v_init*np.cos(theta)
vy = v_init*np.sin(theta)
x, y = 0.0, 0.0
t_arr = []; x_arr = []; y_arr = []
for t in np.arange(0, maxt, dt):
    t_arr.append(t); x_arr.append(x); y_arr.append(y)
    x += dt*vx
    vytem = vy + dt*(-g)
    y += 0.5*dt*(vy + vytem)
    vy = vytem
    if ( y < 0.0): break
plt.plot(x_arr,y_arr)
plt.xlabel("x")
plt.ylabel("y")
plt.show()
```

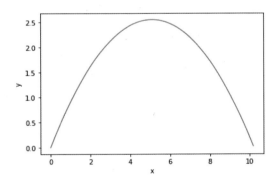

위 코드에서는 물체의 위치가 지면 아래(y<0)에 놓이게 되면 실행을 중단하고 그림을 그리도록 했다.

예제 1

위 코드의 결과를 해석적인 해와 함께 구해 그래프로 표시하시오. dt를 0.001,

0.005, 0.01, 0.02, 0.05, 0.1, 0.2, 0.5로 바꾸면서 각각의 dt에서 오차의 최댓값을 구하자. 이를 dt의 함수로 그리고, 그 결과를 설명하시오. 수정-오일러 방법이 아닌 오일러 방법을 이용해 같은 계산을 반복하시오.

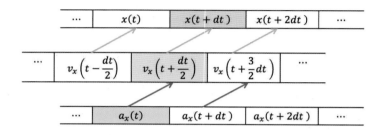

물체에 작용하는 힘 $\vec{F}$가 위치 $\vec{x}$만의 함수여서 $\vec{v}$와 무관할 때에는 수정-오일러 방법보다도 더 효율적인 2차 수치 적분 방법이 있다. 영어로 다른 이의 등을 손으로 짚고 폴짝 건너뛰는 것을 leapfrogging이라고 한다. 수치 적분 방식이 이 모습을 닮아서인지, leap-frog(뛰어넘기) 방법이라고 부른다. 일차원을 따라 움직이는 물체에 대한 뛰어넘기 방법은 아래의 두 식으로 적힌다.

$$x(t + \Delta t) = x(t) + \Delta t\, v\left(t + \frac{\Delta t}{2}\right)$$
$$v\left(t + \frac{\Delta t}{2}\right) = v\left(t - \frac{\Delta t}{2}\right) + \Delta t\, a(t)$$

위 식을 보면 이 방법이 왜 leap-frog(뛰어넘기)이라고 불리는지도 쉽게 볼 수 있다. $x(t)$로부터 $x(t + \Delta t)$를 얻을 때에는 그 중간 시간에서의 속도 $v(t + \Delta t/2)$를 이용하고, 마찬가지로 $v(t - \Delta t/2)$로부터 $v(t + \Delta t/2)$를 얻을 때에는 그 중간에서의 가속도 $a(t)$를 이용한다.

만약 힘 $F$가 $v$에는 의존하지 않고 오직 $x$에만 의존한다면[7] 가속도 $a(t)$는 $x(t)$를 이용해 계산할 수 있다. 뛰어넘기 방법에서 위치와 가속도는 시간 0, $\Delta t$, $2\Delta t$, … 에서의 값만이 필요하고, 속도는 $\Delta t/2$만큼 엇갈려서 $\Delta t/2$, $3\Delta t/2$, $5\Delta t/2$, … 에서의 값만이 필요하게 된다. 위치와 속도는 서로 중간에 놓인 상대의 등을 짚

---

7) 힘이 보존력(conservative force)인 경우에는 이 조건을 대부분 만족한다.

고 폴짝 폴짝 건너뛰는 식으로 진행한다는 말이다. 위의 첫 번째 식을 보면 앞 장에서 설명한 이차 룬제-쿠타 방법과 같아서 뛰어넘기 방법도 마찬가지로 이차 방법이라는 것은 명확하다. 하지만 계산량은 오일러 방법과 같다. 즉 뛰어넘기 방법은 오일러 방법처럼 빠르지만, 정확한 것은 2차 룬제-쿠타방법이나 수정-오일러 방법과 같다는 말이다. 또 뛰어넘기의 경우 앞서 배운 오일러 방법이나 수정-오일러 방법과는 달리 계의 에너지를 보존하며 수치 계산을 한다는 장점이 있다.

만약 힘이 속도에 의존하지 않는 역학 문제라면 정확도가 2차인 방법으로서 뛰어넘기 방법을 쓰지 않을 이유가 없다. 앞에서 수정-오일러 방법으로 구현해 본 포물체 운동을 뛰어넘기 방법으로 구현해보자.

```python
import numpy as np, matplotlib.pyplot as plt
g = 9.8; v_init = 10; theta = np.pi/4.0
dt = 0.01; maxt = 10.0
vx = v_init*np.cos(theta)
vy = v_init*np.sin(theta)
x, y = 0.0, 0.0
vy += 0.5*dt*(-g)
t_arr = []; x_arr = []; y_arr = []
for t in np.arange(0, maxt, dt):
    t_arr.append(t); x_arr.append(x); y_arr.append(y)
    x += dt*vx
    y += dt*vy
    vy += dt*(-g)
    if ( y < 0.0): break
plt.plot(x_arr,y_arr)
plt.xlabel("x")
plt.ylabel("y")
plt.show()
```

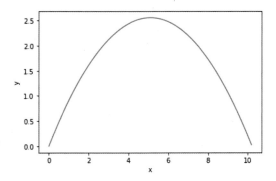

오일러 방법과 다른 점은 for loop이 시작되기 전에 시간이 dt/2일 때의 속도 vy ($v_y$)를 미리 구해놓는다는 점 뿐이다. 오일러 방법에서 vy를 dt/2만큼 엇갈려 계산 하도록 수정하면 간단하게 뛰어넘기 방법을 구현할 수 있다.

---

예제 2

앞의 예제를 뛰어넘기 방법을 적용해 다시 반복하고, 오일러, 수정-오일러, 그 리고 뛰어넘기 방법의 정확도를 비교하시오.

---

과제 1

태양 주위를 뉴턴의 보편중력 법칙을 따라 공전하는 지구의 움직임을 뛰어넘 기 방법을 이용하여 재현하고자 한다. 거리의 단위는 천문단위, 시간의 단위는 지구의 일년으로 해서 프로그램을 작성하시오. 어떤 이유로 지구가 현재의 위 치에서 공전속도가 1.1배, 1.2배, 1.3배, 1.4배, 1.5배가 되었다고 하자. 각각의 경우에 대해 지구의 변화된 궤도를 그리시오.

---

앞서 살펴본 일, 이차 미분방정식의 문제를 다시 생각해 보자. 일차 미분방정식 은 일반적으로 다음과 같이 쓸 수 있다.

$$\frac{dx}{dt} = f(x)$$

이는 시간 $t$에 따라 변하는 변수 $x$의 모든 시간에서의 값인 $x(t)$의 시간 미분값이 $f(x)$로 알려진(혹은 알아낸) 경우의 문제이다. 좀 더 일반적으로는 $x$의 시간 미분 값에 해당하는 오른쪽 항이 단순히 $x$만의 함수가 아니라 $t$와도 관계된 $f(x,t)$의 함수 꼴을 가질 수도 있다. 이렇게 시간이 한 번 미분으로 기술되는 경우 일차 미분 방정식이 된다. 두 번 미분으로 기술되는 경우 이차 미분방정식으로 불린다. 이차 미분방정식은 일차 미분방정식을 두 개 연립하여 다시 쓸 수 있음을 앞서 배웠다.

이러한 이차 미분방정식을 수치 해석적으로 푸는 방법은 문제에서 주어진 조건에 따라 크게 두 가지로 나뉜다. 하나는 각 일차 미분방정식의 두 초기상태가 알려지고 해당 미분방정식이 주어졌을 때, 이를 작은 시간단위로 나누어 적분해 나가는 초깃값 문제(initial value problem)라 불리는 방법이다. 이는 앞서 배웠듯이 '시작 점의 위치'와 '초기 속도'를 아는 문제라 할 수 있다. 하나의 적분마다 적분상수를 하나 정해줘야 하듯이, 두 개의 미분방정식의 적분은 두 개의 제약조건을 필요로 한다. 다른 제약 조건을 주는 경우를 생각할 수 있다. 예를 들면 '처음 위치'와 '최 종 목표 위치'와 같이 특정 시간이 흐른 뒤의 위치를 제약조건으로 줄 수도 있다. 이때는 '초기 속도'가 주어지지 않았으므로 초깃값으로부터 적분을 해 나갈 수가 없다. 이러한 문제를 경곗값 문제(boundary condition problem)라 한다. 앞서 보았 던 근찾기의 과제 2가 바로 이에 해당하는 문제이다. 저 멀리 떨어져 있는 과녁을 맞추기 위해서는 어떠한 각도로 쏘아야 할까? 혹은 어떤 속력으로 쏘아야 할까?

경곗값 문제를 푸는 방법은 두 가지가 잘 알려져 있다. 하나는 아주 직관적인 방 법으로 우리가 이미 일상생활에서 실천하고 있는 방법으로 '시행착오방법'이라고도 불리는 사격법(shooting method)이다. '초기 속도'를 바꾸어가며 적분을 매번 실행 해 본 뒤, 그 결과가 목표 값에 어떤 유효범위로 들어오면 계산을 멈추는 방법이다. 이는 '초기 속도'를 입력하면 목표 값으로부터 얼마나 떨어졌는지의 결과로 나오는 함수로 이해할 수 있고, 임의의 함수의 근찾기 문제로 해결이 가능하다는 것을 근 찾기의 과제 2를 통하여 이해하였을 것이다. 다음의 코드를 참고하라.

```python
from numpy import array, arange, linspace
import matplotlib.pyplot as plt

g = 9.8 # 중력 가속도
a = 0.0 # 초기 시각
b = 10.0 # 마지막 시각
N = 1000 # RK4를 이용한 적분 횟수
h = (b-a)/N # 적분 스텝 크기
target = 1e-10 # 목표 정확도

def RK4(f, y0, t,h):  # RK4로 미분방정식을 푸는 함수를 정의
    yi = y0
    yt = []
    h2 = 0.5*h
    for ti in t:
        yt.append(yi*1.0)
        k1 = h2*f(yi, ti)
```

```
        k2 = h2*f(yi+k1, ti+h2)
        k3 = h*f(yi+k2, ti+h2)
        k4 = h*f(yi+k3, ti+h)
        yi += (2*k1+4*k2+2*k3+k4)/6
    return array(yt, float)

def free_fall(r, t):  # 자유낙하 미분방정식을 정의 dv/dt = -g
    y = r[0]
    vy = r[1]
    dydt = vy
    dvdt = -g
    return array( [dydt, dvdt], float )

def final_height(v):  # 초기 속도를 넣으면 마지막 지점의 높이를 돌려주는 함수
    r = array([0.0,v], float) # initial condition
    tpoints = arange(a, b+h, h)
    rpoints = RK4(free_fall, r, tpoints, h)
    return rpoints[-1][0]

# 이진 탐색을 이용하여 초기 속도를 찾는 메인 코드
v1, v2 = 0.01, 1000.0 # 매우 작은 속도와 매우 큰 속도를 첫 시도로 잡는다.
h1 = final_height(v1)
h2 = final_height(v2)

while abs(h2-h1) > target:
    vp = (v1+v2)*0.5  # 이진 탐색은 다시 시도하는 속도를 중간값으로 잡는다.
    hp = final_height(vp)
    if h1*hp > 0:
        v1, h1 = vp, hp
    else:
        v2, h2 = vp, hp
vf = (v1+v2)*0.5
hf = final_height(vf)
print( "The initial velocity is", "{:.2f}".format(vf), \
       "m/s, with which the ball will touch the hiehgt", \
       "{:.2f}".format(hf), "m at t=10s.")

r = array([0.0,vf], float)
tpoints = arange(a, b+h, h)
rpoints = RK4(free_fall, r, tpoints, h)

plt.figure(1)
plt.subplot(211)
plt.plot( tpoints, rpoints[:,0] )
plt.ylabel( "height h (m)" )
plt.subplot(212)
plt.plot( tpoints, rpoints[:,1] )
plt.ylabel( "velocity v (m/s)" )
```

```
plt.xlabel( "time t (s)" )
plt.show()
```

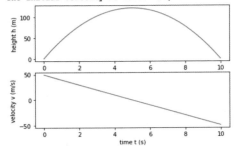

경곗값 문제를 컴퓨터로 푸는 또 다른 한 가지 방법은 유한차분법(finite differ-ence method)이라 불리는 방법이다. 이를 자유낙하 문제의 예로 설명해 보자. 수직하게 윗방향으로 $v_0$의 초기속도로 던져진 물체의 운동을 생각해 보자. 초기위치 $x_0 = 0$이고, 시간에 대한 윗방향의 위치를 $x(t)$라 표기할 수 있을 것이다. 이에 해당하는 뉴턴의 운동방정식은 다음과 같이 간단한 식으로 주어진다.

$$\frac{d^2 x}{dt^2} = -g$$

이를 초깃값 문제로 수치 적분을 하면 원하는 최종 시각 $t_f$에서의 위치를 알 수 있겠지만, 우리에게 주어진 문제는 초기속도 $v_0$를 아는 것이 아니라, 최종 시각 $t_f$에서의 목표 위치를 아는 것이다. 예를 들면 위로 던져 정확히 10초 뒤에 제자리로 돌아오는 문제와 같이 말이다.

이를 위하여 수치해석에 있어서 미분의 의미를 다시 생각해 볼 필요가 있다. 고등학교 교육과정에서 배웠다시피 미분은 아주 작은 시간 간격에 대한 위치 변화를 나타내고, 이 작은 시간 간격의 극한값으로 정의된다. 하지만 프로그램에서 아주 작은 극한값에는 여러 가지 이유로 한계가 있고, 유한한 작은 값을 사용할 수밖에 없다. 이를 $h$라 생각해 보자. 그럼, 일차 미분은 일차 차분이 될 수밖에 없고 이는 다음과 같은 식으로 표현할 수 있다.

$$\frac{dx}{dt} \sim \frac{\Delta x}{\Delta t} = \frac{x(t+h) - x(t-h)}{2h}$$

이차 미분은 이를 $v(t)$와 $x(t)$에 각각 적용하여, 다음과 같이 표현할 수 있다.

$$\frac{d^2x}{dt^2} \sim \frac{x(t+h) - 2x(t) + x(t-h)}{h^2}$$

이를 뉴턴의 운동방정식에 대입하면 다음과 같이 식을 $x(t)$에 대하여 풀어 쓸 수 있다.

$$x(t) = \frac{x(t+h) + x(t-h)}{2} + \frac{1}{2}gh^2$$

이 식의 의미는 모든 시각 $t$에서의 위치 $x(t)$가 그 앞선 시각과 다음 시각에서 위치의 평균에 $gh^2/2$이 더해진 값이라는 뜻으로, 미분방정식의 해 $x(t)$가 이를 만족해야 한다는 뜻이 된다.

경곗값 문제에서는 처음 위치인 $x(0)$와 최종 위치인 $x(t_f)$를 알고 있으므로, 그 사이의 위치들은 위 두 경곗값 조건을 만족하도록 놓여야만 한다. 이를 만족하는 $x(t)$들의 값을 찾기 위하여 사용하는 방법은 경곗값을 고정한 채, 그 사이에서는 $x(t)$를 아무 값으로 주고 위 식을 만족하도록 계속 그 값들을 다시 계산하여 더 이상의 변화가 없을 때까지 반복하는 방법으로 '완화방법(relaxation method)'이라고 한다.

이를 파이썬의 코드로 옮겨 보면 다음과 같다. 완화방법의 중간 과정을 그림으로 그려서 확인하도록 하였다.

```python
import numpy as np
import matplotlib.pyplot as plt

g = 9.8  # 중력 가속도
a = 0.0  # 처음 시각
b = 10.0 # 마지막 시각
N = 100 # 분할 개수
Np = N+1 # N+1
h = (b-a)/N # 적분 간격
target = 1e-10 # 목표 정확도

x = 500*np.ones(Np, float)
```

```
x[0] = 0
x[N] = 0
xp = np.zeros(Np, float)
gh2 = g*h*h
flag = True
counter = 0
divider = 10

while flag:
    flag = False
    counter += 1
    for i in range(1,N):
        xp[i] = (x[i-1]+x[i+1]+gh2)*0.5 # 완화 방법의 과정
        if flag == False:
            if abs( xp[i]-x[i] ) > target: # 모든 점에서 목표 정확도에 도달하
                                                       였는가 확인
                flag = True
    x = 1.0*xp
    if counter%divider==0:   # 중간 과정을 그려보자
        plt.plot( np.arange(a,b+h,h), x )
        divider *= 10

plt.plot( np.arange(a,b+h,h), x )
plt.xlabel( "Time t (s)" )
plt.ylabel( "Height h (m)" )
plt.title( "Vertically thrown ball" )
plt.show()
```

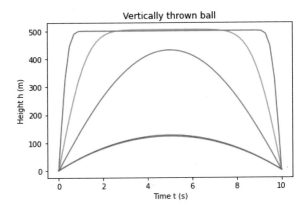

# CHAPTER 10

# 경곗값 문제

## 경곗값 문제의 수치 해법

### 쏘아 맞추기 방법

뉴턴의 운동방정식은 대개의 경우 초깃값 문제에 해당한다. 처음 시간 $t = 0$에서 물체의 위치와 속도가 주어지고 이후 임의의 시간에서 물체의 위치와 속도를 구하는 문제가 우리에게 익숙한 고전역학의 문제다. 물체의 운동이 뉴턴의 운동방정식을 따르더라도 초깃값 문제가 아닌 경곗값 문제를 생각할 수도 있다. 일정한 중력장 안에서 물체를 던져 주어진 거리에 있는 표적을 맞추는 문제가 한 예다. 처음 물체가 출발한 위치에서 수평방향으로 $R$만큼 떨어져 있는 표적을 맞추려면 물체를 어떻게 던져야 할까? 이 문제는 처음 위치 (0,0)에서 출발해서 나중 위치 $(R,0)$에 도달하는 물체의 운동 궤적을 구하는 문제가 된다. 처음과 나중의 위치가 주어져 있어 초깃값 문제가 아닌 경곗값 문제에 해당한다. 뉴턴의 운동방정식은 이차 미분방정식이어서 독립된 두 정보가 필요하다. 보통의 초깃값 문제에서는 $x(t = 0)$, $\dot{x}(t = 0)$의 정보를 이용하고, 방금 소개한 경곗값 문제에서는 처음 출발한 위치와 나중에 지면에 착지한 위치라는 두 정보를 이용한다.

  물체를 너무 빠르게 던지면 표적이 있는 위치를 넘어 지면에 닿고, 너무 작은 속력으로 던지면 표적에 미치지 못한다. 이와 같은 경곗값 문제는 쏘아 맞추기 방법 (shooting method; 사격법)을 이용해 해결할 수 있다. 표적을 넘어서면 처음 속력을 줄이고, 표적에 미치지 못하면 처음 속력을 늘이는 것을 여러 번 반복하면서 정확히 표적을 맞추는 조건을 구하는 방식이다. 물체가 처음 속력 $v$로 지면에 대해 $\theta$의 각도로 던져졌다고 하자. 물체의 위치를 $(x, y)$의 이차원 좌표로 표현하고, 중력가속도를 $\vec{g} = (0, -g)$로 적으면, 시간 $t$에서의 물체의 위치는 $x(t) = v\cos\theta \cdot t$, $y(t) = v\sin\theta \cdot t - \frac{1}{2}gt^2$이므로, 물체가 지면에 닿는 시간 $T = \frac{2v\sin\theta}{g}$을 대입해 물체가 지면에 닿을 때의 도달 거리 $X = \frac{v^2\sin(2\theta)}{g}$를 얻는다. 따라서 표적과 지면에 닿는 위치의 차이에 $g$를 곱해서 $f(v) = g(X - R) = v^2\sin(2\theta) - gR$로 정의하면, $f(v) = 0$의 해를 구하는 문제가 된다. 수치적인 방법으로 근을 찾는 문제가 되므로 뉴턴의 방법(Newton's method)이나 이분법(bisection method)을 이용해서 표적을 맞추는 $v$를 구하고, 이를 이용해 물체의 궤적을 그래프로 그릴 수 있다.

뉴턴의 방법을 적용하면

$$v_{n+1} = v_n - \frac{f(v_n)}{f'(v_n)} = v_n - \frac{v_n^2\sin(2\theta) - gR}{2v_n\sin(2\theta)} = \frac{v_n}{2} + \frac{gR}{2v_n\sin(2\theta)}$$

이므로, 이를 반복해서 $v$를 구하는 코드를 작성하면 아래와 같다. 뉴턴의 방법으로 표적을 맞추는 처음 속력 $v$를 찾고, 이 처음 속력으로 던져진 물체의 궤적도 그래프로 그려보았다.

```python
import numpy as np, matplotlib.pyplot as plt
g = 9.8
R = 100.0 # 표적의 위치
theta = np.pi/4.0 # 발사각
MAX = 100 # 최대사격 횟수
Error = 1.0E-10 # 허용오차
v = 1.0 # 초기 속력

for i in range(MAX):
  v = v/2 + g*R/(2*v*np.sin(2*theta))
  X = v**2*np.sin(2*theta)/g
  if np.abs(X-R) < Error: break
  print(i, X, v)

T = 2*v*np.sin(theta)/g
dt = 0.01
t_arr = np.arange(0,T+0.5*dt,dt)
x_arr = v*np.cos(theta)*t_arr
y_arr = v*np.sin(theta)*t_arr - g*t_arr*t_arr/2
```

```
plt.plot(x_arr,y_arr)
plt.xlabel("x")
plt.ylabel("y")
plt.show()
```

```
0  24550.025510204086 490.50000000000006
1  6187.608210439094 246.24898063200817
2  1597.3060859478544 125.11434626887907
3  450.89165669930236 66.4735905127229
4  168.2674833919651 40.60814373055309
5  106.92416798945062 32.3706170206348740
6  100.11209837599779 31.322492941730843
7  100.00003137993838 31.304956596733945
```

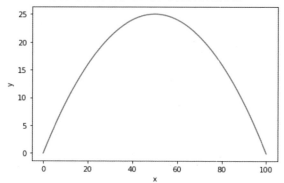

## 과제 1

$v = 100\text{m/s}$의 처음 속력으로 물체를 던져서 $R = 100\text{m}$에 놓인 표적을 맞추려면 물체를 지면에 대해 얼마의 각도로 던져야 하는지를, 마찬가지로 뉴턴의 방법으로 계산해 물체의 궤적을 그래프로 그리는 코드를 작성하시오.

## 할선법

쏘아 맞추기 방법을 적용해서 경곗값이 주어진 물체의 궤적을 구하는 과정에서 뉴턴의 방법을 적용해 봤다. 뉴턴의 방법은 아주 빨리 해를 찾을 수 있어 효율적인 방법이지만, 해를 찾고자 하는 방정식을 미분해서 그 수식의 표현을 이용해야 한다는 문제가 있다. 미분이 곡선 상의 주어진 위치에서 접선의 기울기라는 것을 생각하면, 뉴턴의 방법과 비슷하지만 다른 방법을 생각할 수 있다. 바로 할선법(secant method)이라 불리는, 접선의 기울기가 아닌, 두 점을 잇는 직선의 기울기를 이용하는 방법이다. 즉, 뉴턴의 방법 $v_{n+1} = v_n - \dfrac{f(v_n)}{f'(v_n)}$ 에 등장하는 미분 $f'(v_n)$을 $\dfrac{f(v_n) - f(v_{n-1})}{v_n - v_{n-1}}$ 로 어림하는 방법이다. 할선법은 뉴턴의 방법과 달리 시작하려면 두 개의 값 $v_1, v_2$가 필요한데, 이는 이분법도 마찬가지다. 하지만 이분법에서 처음 계산을 시작하는 두 값은 우리가 그 안에 해가 놓이도록 신중하게 선택해야 하는데 비해서, 할선법의 처음 두 값은 어떤 값이라도 우리가 택할 수 있다는 장점이 있다. 할선법은 뉴턴의 방법보다는 느리지만 이분법보다는 빠르게 해를 찾는다는 것이 알려져 있다. 해를 찾고자 하는 함수의 미분함수를 이용할 필요가 없다는 것이 할선법이 가진 큰 장점이다. 위에서 제시한 경곗값 문제를 할선법으로 해결하는 코드는 아래와 같다.

```python
import numpy as np, matplotlib.pyplot as plt
g = 9.8
R = 100.0 # 표적의 위치
theta = np.pi/4.0 # 사격각
MAX = 100 # 최대 사격횟수
Error = 1.0E-10 # 허용오차

def f(v, theta, g, R):
  return v*v*np.sin(2*theta) - g*R

v1, v2 = 1.0, 2.0 # 할선법 계산을 위한 두 개의 초깃값
f1 = f(v1,theta,g,R)
f2 = f(v2,theta,g,R)
for i in range(MAX):
  if np.abs(f2) < Error: break
  df = (f2-f1)/(v2-v1)
  v = v2 - f2/df
  f1, f2 = f2, f(v,theta,g,R)
  v1, v2 = v2, v
  print(i, v, f2)
```

실행 결과는 다음과 같다.

```
0  327.33333333333337  106167.11111111114
1  4.963562753036456  -955.3630447966693
2  7.838591247279007  -918.556487258081
3  79.5887426073895  5354.367949825298
4  18.345105020019787  -643.4571218044449
5  24.915429145877546  -359.2213904767558
6  33.219103554963624  123.50884099539678
7  31.09456870007849  -13.127797356099222
8  31.298690108416668  -0.39199749730073563
9  31.304972798322382  0.0013219037041380943
10 31.304951682885317  -1.3221585959399818e-07
11 31.304951684997057  0.0
```

### 과제 2

과제 1과 같은 문제를 이분법을 이용해 구현해보시오. 뉴턴의 방법, 할선법, 이분법이 최종 결과에 얼마나 빠르게 수렴하는지 비교해 보시오.

## 열전도 방정식

가로, 세로, 높이가 각각 $\Delta x, \Delta y, \Delta z$인 작은 부피에 담긴 밀도 $\rho$, 비열 $c$인 물질이 있다고 하자. 이 물체의 열용량(heat capacity)은 질량에 비열을 곱해 $\rho \Delta x \Delta y \Delta z \cdot c$이므로, 시간 $t$에서의 온도 $T(t)$와 시간 $t + \Delta t$에서의 온도 $T(t + \Delta t)$의 차이에 열용량을 곱한 $c\rho \Delta x \Delta y \Delta z [T(t + \Delta t) - T(t)]$는 시간 $\Delta t$동안 이 물체에 외부에서 유입된 열에너지에 해당한다.

다음에는 이 작은 상자의 여섯 면의 온도가 주어져있을 때, 외부에서 상자로 유입되는 전체 열에너지의 양을 생각해보자. 먼저, x축 방향의 영향만 생각해 보자. 양끝 사이에 온도차 $\Delta T$가 있는 단면적 $A$인 일차원 물체를 통해 전달되는 열에너지 $Q_x$를 기술하는 푸리에 법칙(Fourier's law)은 $\dfrac{dQ_x}{dt} = \dot{Q}_x = -kA\dfrac{\Delta T}{\Delta x}$이다. 양의 $x$축 방향으로 단위시간당 일정한 비율로 이 작은 상자에 유입되는 열에너지는 $\dot{Q}_x(x, y, z)\Delta t$로, 반대쪽의 면에서 유출되는 열에너지는 $\dot{Q}_x(x + \Delta x, y, z)\Delta t$이므로 $x$축 방향의 순유입량은 $[\dot{Q}_x(x, y, z) - \dot{Q}_x(x + \Delta x, y, z)]\Delta t$이다. 이 식과 푸리에 법칙을 함께 생각하면, 작은 상자에 $x$축 방향의 온도차로 인하여 단위시간에 유입되는 열에너지는

$$\dot{Q}_x(x,y,z) - \dot{Q}_x(x+\Delta x, y, z) = -k\Delta y \Delta z \frac{\partial T}{\partial x}\bigg|_x + k\Delta y \Delta z \frac{\partial T}{\partial x}\bigg|_{x+\Delta x}$$

$$= k\Delta x \Delta y \Delta z \frac{\partial^2 T}{\partial x^2}$$

를 만족한다는 것을 알 수 있다.

결국 시간 $\Delta t$동안에 이 작은 상자에 모든 방향에서 유입되는 전체 열에너지는 $k\Delta x \Delta y \Delta z \Delta t \left( \frac{\partial^2 T}{\partial x^2} + \frac{\partial^2 T}{\partial y^2} + \frac{\partial^2 T}{\partial z^2} \right)$이며 이 값이 바로 앞서 구했던 $c\rho \Delta x \Delta y \Delta z$ $[T(t+\Delta t) - T(t)]$와 같다. 이 식을 정리하면 열전도 방정식 $\nabla^2 T = \frac{c\rho}{k} \frac{\partial T}{\partial t}$을 얻는다.

시간이 지나면서 온도가 변하다가 결국 더 이상 온도가 변하지 않는 정적인 상태 (stationary state)에 도달하면, 온도의 분포는 라플라스 방정식 $\nabla^2 T = 0$을 만족한다. 이 방정식은 풀림 방법(relaxation method)을 이용해서도 수치해를 구할 수 있지만, 아래에서는 간단한 1차원 물체에 대해서 앞에서 설명한 쏘아 맞추기 방법을 이용하는 예를 소개해보려 한다.

길이가 $L$인 일차원 막대가 있고, 양끝의 온도가 각각 $T_L, T_R$로 주어져 있다고 하자. 최종적인 정상상태에 도달한 후 막대의 온도 분포를 쏘아 맞추기 방법으로 구하려 한다. 먼저 $T(x=0) = T_L$에서 출발해서 $\frac{d^2 T}{dx^2} = 0$의 미분방정식을 적분해서 $T(x=L)$를 얻고, 이 값이 문제에 주어진 $T_R$이 되도록 하는 과정을 반복하면 된다. $\frac{d^2 T}{dx^2} = 0$의 해석적인 해는 쉽게 구할 수 있다. 아래의 코드에서는 이 미분방정식도 수정-오일러 방법을 이용해 수치 적분하는 방식으로 구현해보았다. $\frac{dT}{dx} = S$로 놓으면, 우리가 적분해야 할 두 개의 일차 미분방정식은 $\frac{dT}{dx} = S, \frac{dS}{dx} = 0$의 형태로 적을 수 있다는 것을 이용한다. 쏘아 맞추기 방법을 적용할 때에는 $S(x=0)$의 값을 바꿔가면서 $T(x=L) = T_R$을 만족하는 값을 찾으면 된다.

```python
import numpy as np, matplotlib.pyplot as plt
TL = 100; TR = 300; L = 10.0; dx=0.01
MAX = 100 # 최대 시도 횟수
Error = 1.0E-10 # 허용오차

def deriv(T,S):
  dTdx = S; dSdx = 0.0
  return (dTdx, dSdx)
```

```
def integrate(L, dx, TL, S0):
  T = TL; S = S0
  xarr = []; Tarr = []
  for x in np.arange(0, L+0.5*dx, dx):
    xarr.append(x); Tarr.append(T)
    dTdx1, dSdx1 = deriv(T,S)
    Ttemp = T + dx*dTdx1
    Stemp = S + dx*dSdx1
    dTdx2, dSdx2 = deriv(Ttemp, Stemp)
    T += 0.5*dx*(dTdx1 + dTdx2)
    S += 0.5*dx*(dSdx1 + dSdx2)
  plt.plot(xarr, Tarr)
  plt.xlabel("x")
  plt.ylabel("T")
  plt.show()
  return (T)

S1, S2 = 5.0, 100.0 # 할선법을 위한 두 개의 초깃값
f1 = integrate(L,dx,TL,S1) - TR
f2 = integrate(L,dx,TL,S2) - TR
for i in range(MAX):
  if np.abs(f2) < Error: break
  df = (f2-f1)/(S2-S1)
  S = S2 - f2/df
  f1, f2 = f2, integrate(L,dx,TL,S) - TR
  S1, S2 = S2, S
```

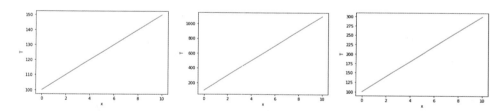

앞에서 열전도 방정식을 유도할 때, 푸리에 법칙 $\dot{Q}_x = -kA\dfrac{dT}{dx}$을 이용했다. 만약 이 식의 열전도도 $k$가 위치에 따라 달라지는 상황이라면, 열전도 방정식의 형태는 달라진다. 앞에서의 유도 과정을 $k(\vec{r})$을 이용해 다시 반복하면, 열전도 방정식은 $c\rho\dfrac{\partial T}{\partial t} = \nabla \cdot (k\nabla T)$의 형태가 된다. 앞에서 코드를 작성해본 문제처럼 1차원 막대에 대해서 정상상태를 가정하면, 이 식은 $\dfrac{d}{dx}\left(k(x)\dfrac{dT}{dx}\right) = 0$의 형태가 된다.

자, 열전도도가 $k_L$, $k_R$인 두 물질로 막대의 왼쪽 절반과 오른쪽 절반이 이루어져 있다고 하자. 정상 상태에서의 막대 전체의 온도 분포를 구하는 코드를 작성해보자.

$\dfrac{dk}{dx}\dfrac{dT}{dx}+k\dfrac{d^2T}{dx^2}=0$에 대해서 $S=\dfrac{dT}{dx}$로 정의하면, $\dfrac{dS}{dx}=-\dfrac{1}{k}\dfrac{dk}{dx}S,\ \dfrac{dT}{dx}=S$의 두 일차 미분방정식을 풀면 되는 문제이다. 이 문제에서 $k(x)$는 $x=L/2$에서 $k_L$ 로부터 $k_R$로 급격히 변하는 계단함수로서, $(k_R-k_L)\Theta(x-L/2)+k_L$로 적을 수 있다 (여기서 $\Theta(x)$는 헤비사이드 계단함수이고 미분은 델타함수 $\delta(x)$로 표현된다). 위 식의 $\dfrac{dk}{dx}$는 $(k_R-k_L)\delta(x-L/2)$로 적을 수 있다. 따라서

$$\frac{dk}{dx}=\frac{k_R-k_L}{\Delta x}\delta_{x,L/2}$$

를 이용하면 된다.

```python
import numpy as np, matplotlib.pyplot as plt
TL = 100; TR = 300; L = 10.0; dx=0.01
kL = 2.0; kR = 3.0
MAX = 100 # 최대 시행 횟수
Error = 1.0E-10 # 허용오차

def k(x, L, kL, kR, dx):
  if (x < 0.5*L): return kL
  else: return kR

def dkdx(x,L,kL,kR,dx):
  if np.abs( x - 0.5*L ) < 0.5*dx:
    return (kR - kL)/dx
  else:
    return 0.0

def deriv(x, T,S, kL, kR):
  dTdx = S
  dSdx = -1.0/k(x, L, kL, kR, dx)*dkdx(x,L, kL,kR, dx)*S
  return (dTdx, dSdx)

def integrate(L, dx, TL, S0):
  T = TL; S = S0
  xarr = []; Tarr = []
  for x in np.arange(0, L+0.5*dx, dx):
    xarr.append(x); Tarr.append(T)
    dTdx1, dSdx1 = deriv(x, T, S, kL, kR)
    Ttemp = T + dx*dTdx1
    Stemp = S + dx*dSdx1
    dTdx2, dSdx2 = deriv(x, Ttemp, Stemp, kL, kR)
    T += 0.5*dx*(dTdx1 + dTdx2)
```

```
    S += 0.5*dx*(dSdx1 + dSdx2)
  plt.plot(xarr, Tarr)
  plt.xlabel("x")
  plt.ylabel("T")
  plt.show()
  return (T)

S1, S2 = 5.0, 100.0 # 할선법을 위한 두 초깃값
f1 = integrate(L,dx,TL,S1) - TR
f2 = integrate(L,dx,TL,S2) - TR
for i in range(MAX):
  if np.abs(f2) < Error: break
  df = (f2-f1)/(S2-S1)
  S = S2 - f2/df
  f1, f2 = f2, integrate(L,dx,TL,S) - TR
  S1, S2 = S2, S
```

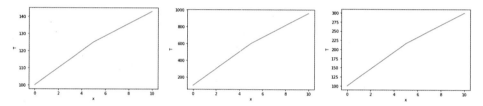

> ### 과제 3
>
> 현실의 물질 중에는 열전도도가 온도에 반비례하는 물질도 있다고 한다. $k(x) = \dfrac{C}{T(x)}$ 일 때, $T_L = 100, T_R = 200, L = 10, C = 10$을 이용해 정상상태의 온도분포를 할선법을 써서 구하시오.

# CHAPTER 11
## 전기퍼텐셜

## 전기장과 전기퍼텐셜

전자기학에서 가장 중요한 방정식인 맥스웰 방정식은 모두 네 개의 식으로 주어진다. 그 중 하나가 바로 가우스 법칙인 $\nabla \cdot \vec{E} = \frac{\rho}{\epsilon_0}$ 이다. 일반물리학에서는 가우스 법칙의 적분 형태를 먼저 배운다. 위 식의 양변을 가우스 면이라 부르는 닫힌곡면($S$)이 감싸고 있는 부피($V$)에 대해 부피 적분하면 $\int_V \nabla \cdot \vec{E} d\tau = \int_V \frac{\rho}{\epsilon_0} d\tau = \frac{Q}{\epsilon_0}$ 인데, 여기서 $Q$는 가우스 면이 감싸고 있는 전체 부피 안에 들어있는 내부의 전하량이다. 여기에 발산정리(divergence theorem)를 적용하면 $\int_V \nabla \cdot \vec{E} d\tau = \oint_S \vec{E} \cdot d\vec{\sigma} = \frac{Q}{\epsilon_0}$ 이다. 이 식은 수학적으로는 전기장에 관한 쿨롱의 법칙

$$\vec{E}(\vec{r}) = \frac{1}{4\pi\epsilon_0} \int \frac{\rho(\vec{r'})(\vec{r} - \vec{r'})}{|\vec{r} - \vec{r'}|^3} d\vec{r'}$$

과 동등하지만, 대칭성이 있는 전하 분포에 대해서는 쿨롱의 법칙보다 훨씬 더 쉽게 전기장을 구할 수 있어 편하다. 스칼라 전기퍼텐셜(electric potential) $\phi(\vec{r})$은 $\vec{E} = -\nabla\phi$로 정의된다. 즉, 전기퍼텐셜을 구하면 이를 이용해 전기장을 구할 수도 있다.

먼저 점전하 $q$가 2차원 평면의 원점 $(0,0)$에 놓여있을 때, 공간에 만들어지는 전

기장 $\vec{E}$를 그림으로 그려보자. 계산의 편의를 위해 $1/4\pi\epsilon_0 = 1$의 단위를 이용하자.

```python
import numpy as np, matplotlib.pyplot as plt
q = -1
def E(q,r0,x,y):
  X = x - r0[0]; Y = y - r0[1]
  denom = (np.sqrt( X**2 + Y**2 ))**3
  return q*X/denom, q*Y/denom
r0 = np.array([0.0,0.0]) # 원점의 좌표
Nx, Ny = 10, 10 # x, y축의 눈금 갯수
x = np.linspace(-1,1,Nx)
y = np.linspace(-1,1,Ny)
X, Y = np.meshgrid(x,y) # 2차원 그리드 교차점의 좌표를 만들어 냄
Ex, Ey = E(q, r0, X, Y) # 그리드 포인트에서의 전기장을 계산
plt.streamplot(X,Y,Ex,Ey) # 전기장 vector field를 화살표와 선분으로 보여줌
plt.xlabel("x")
plt.ylabel("y")
plt.show()
```

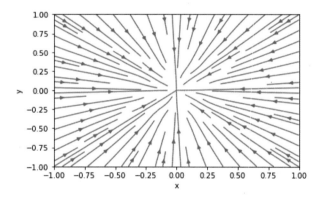

이차원 데이터를 계산하고 시각화하기 위한 방법으로 위 코드에서는 meshgrid와 streamplot을 사용하였다. meshgrid는 주어진 x, y벡터를 이용하여 모든 이차원 그리드 교차점의 좌표를 만들어 준다. meshgrid의 결과인 X, Y는 각각 2차원 행렬의 형태이다. X, Y에 어떤 값이 들어가는지 확인해 보라. streamplot은 주어진 X, Y좌표에 Ex, Ey의 성분을 갖는 벡터를 시각화해준다.

위의 코드를 수정해서 두 점전하 $q_1 = 1, q_2 = -1$가 각각 $(-0.1, 0), (0.1, 0)$에 놓여 있을 때의 전기장을 그래프로 그려보시오. 정보가 좀 더 명확히 드러나는 그래프를 그리려 노력해보시오. $x$축, $y$축을 따라서 전기장의 크기 $|\vec{E}|$를 그래프로 각각 그리고, 원점으로부터의 거리 $r$에 대해 어떤 꼴로 크기가 줄어드는지 알아보시오.

다음에는 점전하 하나가 원점에 있는 위의 상황에 대해서 전기퍼텐셜을 그림으로 그려보자.

```
import numpy as np, matplotlib.pyplot as plt
q = 1
def potential(q,r0,x,y):
  X = x - r0[0]; Y = y - r0[1]
  denom = (np.sqrt( X**2 + Y**2 ))**2
  return q/denom
r0 = np.array([0.0,0.0])
Nx, Ny = 10, 10 # x축, y축 눈금의 갯수
x = np.linspace(-1,1,Nx)
y = np.linspace(-1,1,Ny)
X, Y = np.meshgrid(x,y)
Phi = potential(q, r0, X, Y)
plt.contour(X,Y,Phi)
plt.xlabel("x")
plt.ylabel("y")
plt.show()
```

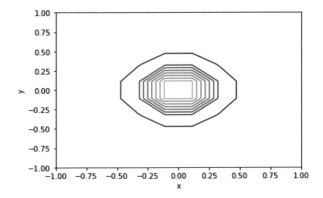

앞의 코드에서 사용한 contour는 주어진 X, Y좌표에서의 값을 바탕으로 등고선과 같은 그림을 그려주는 matplotlib.pyplot 패키지에 있는 시각화 함수이다.

---

**과제 2**

과제 1과 같은 조건에서 전기퍼텐셜을 그래프로 그리시오. $x$축, $y$축을 따라서 전기퍼텐셜 $\phi$를 그래프로 각각 그리고, 원점으로부터의 거리 $r$에 대해 어떤 꼴로 크기가 줄어드는 지 알아보시오.

---

## 경계조건이 주어진 공간에서의 전기퍼텐셜의 계산

아무런 전하가 없을 때 가우스 법칙은 $\nabla \cdot \vec{E} = 0$으로 주어진다. 그리고 $\vec{E} = -\nabla\phi$를 이용하면, 전기퍼텐셜이 만족하는 식 $\nabla^2 \phi = 0$을 얻는다. 이 식을 라플라스(Laplace) 방정식이라고 부른다. 전기퍼텐셜의 라플라스 방정식은 풀림 방법을 적용해 컴퓨터 프로그램으로 풀 수 있다. 원래의 라플라스 방정식에서 공간 좌표는 연속적인 값을 갖지만, 컴퓨터 프로그램을 이용하는 수치적인 방법은 어쩔 수 없이 불연속적인 공간 좌표를 사용할 수 밖에 없다.

이차원 공간에서 $x, y$좌표를 $h$의 폭을 가지는 작은 구간으로 나누면 스칼라 함수의 공간 미분은

$$\frac{\partial}{\partial x}\phi(x,y) = \lim_{h \to 0} \frac{\phi(x+h,y) - \phi(x,y)}{h} \approx \frac{\phi(x+h,y) - \phi(x,y)}{h}$$

로 어림할 수 있다. 이차 미분에도 같은 방법을 적용하면, 아래의 어림을 얻을 수 있다.

$$\begin{aligned}\frac{\partial^2}{\partial x^2}\phi(x,y) &= \frac{\partial}{\partial x}\left(\frac{\partial\phi(x,y)}{\partial x}\right) \approx \frac{\partial}{\partial x}\left(\frac{\phi(x+h,y) - \phi(x,y)}{h}\right)\\ &\approx \frac{\phi(x+h,y) + \phi(x-h,y) - 2\phi(x,y)}{h^2}\end{aligned}$$

이 어림을 $y$에 대한 2차 편미분에도 적용하면, 결국 2차원 전기퍼텐셜이 만족하는 라플라스 방정식을 다음과 같이 적을 수 있다.

$$\nabla^2 \phi(x,y) = \left( \frac{\partial^2}{\partial x^2} + \frac{\partial^2}{\partial y^2} \right) \phi(x,y)$$
$$\approx \frac{\phi(x+h,y) + \phi(x-h,y) + \phi(x,y+h) + \phi(x,y-h) - 4\phi(x,y)}{h^2} = 0$$

즉, $\phi(x,y) = \dfrac{\phi(x+h,y) + \phi(x-h,y) + \phi(x,y+h) + \phi(x,y-h)}{4}$ 를 얻게 된다.
따라서 $(x,y)$에서의 전기퍼텐셜 값은 이 위치를 둘러싼 네 격자점 $(x+h,y)$, $(x-h,y)$, $(x,y+h)$, $(x,y-h)$에서의 전기퍼텐셜의 평균값과 같다. 위에서 얻은 식을 변화가 없을 때까지 반복적으로 적용하는 것이 바로 풀림 방법이다. $n$번째 단계에서의 전기퍼텐셜을 $\phi_n$이라고 하면,

$$\phi_{n+1}(x,y) = \frac{\phi_n(x+h,y) + \phi_n(x-h,y) + \phi_n(x,y+h) + \phi_n(x,y-h)}{4}$$

를 이용해서 다음 $n+1$단계에서의 전기퍼텐셜을 얻는다. 위의 계산을 반복하다보면, 결국 전기퍼텐셜은 특정 값으로 수렴하고 라플라스 방정식을 만족하게 된다.

2차원 평면 위에 정사각형 영역 $[-1,1] \times [-1,1]$ 안에서의 전기퍼텐셜을 정사각형 영역의 둘레에 경계조건 $\phi(1,y) = \phi(-1,y) = \phi(x,1) = \phi(x,-1) = 0$이 주어져 있는 상황을 가정하자. 또한, 원점 (0,0)에는 아주 작은 도체 구가 있고, 도체 구의 퍼텐셜은 $-1$이라고 가정[즉, $\phi(0,0) = -1$]하자. 처음 계산을 시작할 때의 초기 조건으로는 정사각형 영역 내부의 모든 점에서 임의로 $\phi(x,y) = 0.1$을 이용하자.

```
import numpy as np, matplotlib.pyplot as plt
from mpl_toolkits.mplot3d import axes3d # plot_surface를 사용하기 위한
        패키지
h = 0.1; MAX = 1000; Error = 1.0E-8 # MAX는 최대 시행 횟수, Error는 수렴판정
        조건
x = np.arange(-1,1+0.5*h,h)
y = np.arange(-1,1+0.5*h,h)
X, Y = np.meshgrid(x,y) # 두 일차원 배열 x, y를 가지고 2차원에서의 그리드 포인
        트의 좌표를 만들어냄.
Nx = np.size(x); Ny = np.size(y)
phi = np.ones( (Nx, Ny)); phi *= 0.1  # 모든 위치에 0.1로 초기화
phi[0,:] = phi[-1,:] = phi[:,0] = phi[:,-1] = 0.0 # 경계조건
phi[Nx//2, Ny//2] = -1.0 # 중앙의 도체 구에 의한 퍼텐셜
for i in range(MAX):
  phi0 = phi.copy() # 어레이의 copy()를 이용하여 데이터가 덮어쓰는 것을 방지
```

```
for nx in range(1,Nx-1): # 아래 두 개의 for loop은 경계를 제외한 내부에서
            계산된다.
    for ny in range(1,Ny-1):
        phi[nx,ny] = (phi0[nx-1, ny] + phi0[nx+1, ny] + phi0[nx, ny-1]
                    + phi0[nx, ny+1])/4.0
    phi[Nx//2, Ny//2] = -1.0 # 중앙의 경곗값을 계속 고정
    if np.max(np.abs( phi - phi0 )) < Error: break # phi가 더 이상 변화가 없
                                                는지 판정
plt.contour(X,Y,phi.T, levels = np.linspace(np.min(phi),
            np.max(phi), 100))
plt.xlabel("x")
plt.ylabel("y")
plt.show()
fig = plt.figure()
ax = fig.gca(projection='3d') # plot_surface를 사용하기 위한 설정
ax.plot_surface(X,Y,phi.T)
plt.show()
```

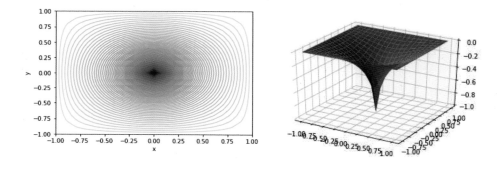

위 코드에서 phi.T는 행렬 **phi**의 전치를 뜻한다. 두 번째 그림을 그리기 위한 **figure**명령은 현재 그림 객체의 주소를 가져온다. **gca**명령은 그림 객체 내부 축의 정보를 설정하고 가져온다. plot_surface명령은 2차원 정보를 3차원 곡면으로 표현해 준다. 예를 들어, 지도에서는 산의 높이를 표시하기 위해 등고선 혹은 색의 진하기로 높이를 표현하는데 이는 contour나 imshow에 해당한다면 plot_surface는 산의 모양을 직접 3차원으로 보여준다.

**과제 3**

전기퍼텐셜이 주어지면 이를 이용해서 $\vec{E} = -\nabla\phi$로부터 전기장을 구할 수 있다. 위에서 구한 전기퍼텐셜을 이용해서 전기장의 크기 $|\vec{E}(x, y = 0)|$를 $x$의 함수로 그리시오. 또, $|\vec{E}| \propto 1/x$와 함께 그려 비교하시오. 왜 이와 같은 함수의 꼴을 가지는지 생각해보시오.

자, 다음에는 전하가 있는 공간에서의 전기퍼텐셜을 생각해보자. 가우스 법칙 $\nabla \cdot \vec{E} = \dfrac{\rho}{\epsilon_0}$와 $\vec{E} = -\nabla\phi$를 이용하면, $\nabla^2\phi = -\dfrac{\rho}{\epsilon_0}$를 얻게 된다. 이를 포아송 (Poisson) 방정식이라고 한다. 라플라스 방정식을 격자 상수 $h$인 사각격자에 대해 어림한 앞의 방법을 적용하면 임의의 주어진 전하분포 $\rho(\vec{r})$에 대한 2차원 포아송 방정식을 다음과 같이 적을 수 있다.

$$\nabla^2\phi(x,y) \approx \frac{\phi(x+h,y) + \phi(x-h,y) + \phi(x,y+h) + \phi(x,y-h) - 4\phi(x,y)}{h^2}$$

$$= -\frac{\rho(x,y)}{\epsilon_0}$$

이 식에 앞에서 소개한 풀림 방법을 적용하면 포아송 방정식을 만족하는 전기퍼텐셜은 다음과 같은 재귀식을 이용해 수치적으로 계산할 수 있다.

$$\phi_{n+1}(x,y) = \frac{\phi_n(x+h,y) + \phi_n(x-h,y) + \phi_n(x,y+h) + \phi_n(x,y-h)}{4} + h^2\frac{\rho(x,y)}{4\epsilon_0}$$

**과제 4**

2차원의 디락 델타 함수 $\delta(\vec{r})$는 격자상수가 $h$인 사각격자에 대해서 $\delta(\vec{r}) = (1/h^2)\delta_{x,0}\delta_{y,0}$으로 어림할 수 있다. 앞에서 설명한 사각형 내부의 전기퍼텐셜 문제에서 원점에 놓여있던 작은 도체를 $q = 1$인 점전하($1/4\pi\epsilon_0 = 1$인 단위계를 이용)로 대체해서, 전기퍼텐셜을 풀림 방법을 적용해서 구하여 그래프로 그리시오.

# CHAPTER 12
## 브라운 운동

## 브라운 운동: 확률 방정식의 적분

### 브라운 운동 확률 방정식의 해석적 풀이

고전역학에서 주로 다루는 뉴턴의 운동방정식 $F = ma$는 결정론의 성격을 가지고 있다. 처음의 위치와 속도가 주어지면 임의의 미래 시간 $t$에서의 물체의 위치와 속도는 유일한 값으로 주어진다. 물리학에서는 이와 같은 결정론적인 운동방정식을 이용해 자연현상을 주로 기술하지만, 자연현상 중에는 결정론적(deterministic)이 아닌 확률적(stochastic)인 운동방정식을 따르는 현상도 많다. 가장 대표적인 것이 액체에 떠 있는 꽃가루가 보여주는 브라운 운동(Brownian motion)이다. 현미경으로 관찰하면 꽃가루 입자는 열 운동하는 주변의 다른 분자와 시시때때로 충돌해 흥미로운 마구잡이 운동을 보여준다. 1차원에서 브라운 운동을 하는 질량이 $m$인 입자는 다음과 같은 운동방정식을 만족한다.

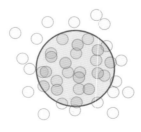

◯ : 꽃가루
◯ : 물 분자

$$m\dot{v} = -\gamma m v + F(t)$$

식의 우변에서 첫 번째 항은 속도의 반대방향으로 작용하는 공기의 저항력과 같은 우리가 이미 익숙한 힘이다. 두 번째 항이 바로 이 입자 주변의 눈에 보이지 않는 여러 입자가 시시때때로 충돌해서 발생하는 마구잡이 힘이다. 마구잡이 힘은 우리가 관심을 두고 있는 입자의 위치와 속도와는 무관하다고 보통 가정한다. 컴퓨터 프로그램을 이용해서 운동방정식을 적분할 때에는 방정식의 조절변수의 개수를 가능한 줄이는 것이 편리하다. 위의 식을 먼저 질량 $m$으로 나누면 $\frac{dv}{dt} = -\gamma v + \frac{F(t)}{m}$ 을 얻는다. 이어서 $\gamma t \rightarrow t$로 시간변수를 새로 정의하고 $F/m\gamma = \eta$로 치환하면 이제 위의 식을 아래와 같이 간단히 적을 수 있다.

$$\dot{v} = -v + \eta(t)$$

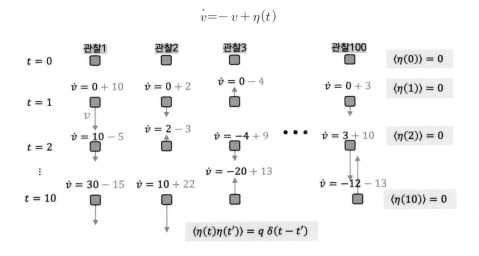

이 식의 마구잡이 힘 $\eta(t)$는 특별한 방향을 선호할 아무런 이유가 없으므로, 가능한 모든 경우에 대해 평균을 구하면 $<\eta(t)> = 0$을 만족해야 한다. 또, 서로 다른 두 시간 $t, t'$에 대해서 마구잡이 힘 사이에 상관관계가 없다는 가정을 하면, $t \neq t'$일 때는 $\langle \eta(t)\eta(t') \rangle = 0$임도 알 수 있다. 물론 $t = t'$일 때에는 둘 사이의 상관관계가 0일리는 없다는 것을 생각하면 모든 시간에 대해 $\langle \eta(t)\eta(t') \rangle = q\delta(t-t')$의 형태로 디락(Dirac)의 델타함수를 이용해 상관관계를 표현할 수 있다. 마구잡이 힘의 상관관계에 등장하는 $q$는 주변 입자들이 온도 $T$인 열적 평형상태에 있다는 것을 이용해 다음 논의를 통해서 결정하게 된다.

흥미롭게도 위의 브라운 운동을 기술하는 식에 대해서는 통계적인 특성을 해석적으로 정확히 규명할 수 있는데, 바로 1905년 아인슈타인의 연구 업적이다. 위 식의 양변에 $dt$를 곱해 $dv + vdt = \eta dt$의 꼴로 적고, 적당한 적분 팩터(integrating factor) $\lambda$를 곱해서 좌변을 $d(\lambda v)$꼴이 되도록 하는 일차 미분방정식을 푸는 표준적인 방법을 적용해보자. 이때, 우변의 $\eta(t)$는 $v$에 의존하지 않는 시간만의 함수라는 것을 이용할 수 있다. $\lambda dv + \lambda vdt = \eta \lambda dt$이고, $d(\lambda v) = \lambda dv + vd\lambda$이므로, 만약 $\lambda$가 $vd\lambda = \lambda vdt$를 만족하면, $\lambda dv + \lambda vdt = \lambda dv + vd\lambda = d(\lambda v)$이므로 우리가 원하는 $\lambda$를 결정할 수 있다. 이를 통해 $\frac{d\lambda}{\lambda} = dt$를 얻고 이 식의 양변을 적분하면 $\lambda = e^t$를 얻는다. 이를 이용하면 $d(ve^t) = e^t \eta(t)dt$이므로, 적분이 가능하게 된다. 초기조건으로 $v(t=0) = v_0$를 이용하면

$$v(t) = e^{-t}v_0 + \int_0^t e^{-(t-t')}\eta(t')dt'$$

를 얻는다. 이 식을 이용하면 두 시간 $t_1, t_2$에서의 속도에 대한 상관함수를 얻게 된다. 그 결과는

$$<v(t_1)v(t_2)> = e^{-(t_1+t_2)}\left[v_0^2 + \frac{q}{2}(e^{2t_1}-1)\right]$$

인데, 앞에서 설명한 $<\eta(t')\eta(t'')> = q\delta(t'-t'')$를 이용했다. 속도 상관함수에 $t_1 = t_2 = t$를 대입하고 시간 $t$가 충분히 크다고 가정하면 $<v(t)^2> = \frac{q}{2}$인데, 이를 1차원에서의 입자에 대한 평형 열역학의 결과 $\left\langle \frac{1}{2}mv^2 \right\rangle = \frac{1}{2}k_BT$와 비교하면 $q = 2k_BT$를 얻을 수 있다. 즉, 마구잡이 힘의 시간 상관함수에 등장한 $q$가 평형상태에서의 온도 $T$와 관계됨을 알 수 있다.

다음에는 시간이 흐르면서 입자의 위치가 처음 위치로부터 얼마나 벗어나는지를 계산해보자. 위치 $x(t)$는 앞에서 구한 속도 $v(t)$를 적분해서 얻을 수 있다는 것을 이용해 계산하면 $(\Delta x)^2 = <[x(t)-x(0)]^2> = q(t + e^{-t} - 1)$이 된다. 이 식에서 $t$가 충분히 크다는 가정을 추가하면, 브라운 운동에 관한 유명한 아인슈타인 관계식 $\Delta x^2 = (2k_BT)t$가 된다. 즉, 1차원 브라운 입자가 처음 출발한 위치로부터 벗어나는 거리의 평균값은 $\Delta x \propto \sqrt{t}$로 적힌다.

## 마구잡이 힘을 프로그램으로 구현하는 방법

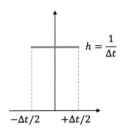

이제 브라운 운동을 파이썬 프로그램으로 구현해보자. 코드에서 디락 델타함수를 어떻게 구현할 지는 여러 방법이 있다. 이 중 가장 간단한 방법은 바로 좁은 직사각형의 형태로 디락 델타함수를 기술하는 것이다. 운동 방정식을 수치 적분할 때 도입하는 시간간격을 $\Delta t$라 하면 $t$가 구간 $t \in \left( -\dfrac{\Delta t}{2}, \dfrac{\Delta t}{2} \right)$에서는 $\delta(t) = h \neq 0$이고, 이 구간의 밖에서는 $\delta(t) = 0$이 되도록 하면 디락 델타함수를 어림해서 구현할 수 있다. 또 $\displaystyle\int_{-\infty}^{\infty} \delta(t)dt = 1$의 조건을 이용하면 $h = \dfrac{1}{\Delta t}$가 된다는 것을 쉽게 확인할 수 있다. 이렇게 폭이 $\Delta t$이고 높이가 $1/\Delta t$인 직사각형의 형태로 어림해서 구현한 $\delta(t)$는 $\Delta t \to 0$인 극한에서 정확히 디락 델타함수 $\delta(t)$로 수렴하게 된다.

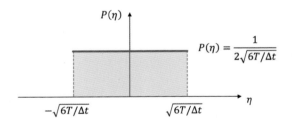

다음에 생각할 것은 바로 마구잡이 힘 $\eta$를 어떻게 구현할지에 대한 것이다. 현실에서 $\eta$는 가우스 분포를 따르지만, 간단한 방식으로는 적절한 폭을 가진 균일한 확률분포 $P(\eta)$를 이용할 수 있다. 먼저 확률분포를 적분한 값이 1이어야 한다는 조건 $\displaystyle\int P(\eta)d\eta = 1$을 적용하면, 구간 $\eta \in [-a, a]$에서의 확률밀도의 값이 $1/2a$라는 것을 쉽게 확인할 수 있다. 또한, $a$의 값에 무관하게 $P(\eta)$가 우함수(even function)임을 이용하면 $<\eta> = \displaystyle\int \eta P(\eta)d\eta = 0$이라는 것도 알 수 있다. 한편, 앞에서 설명한 마구잡이 힘의 상관관계 $<\eta(t)\eta(0)> = q\delta(t)$에 $\delta(t)$의 어림을 적용하면 $t \in \left(-\dfrac{\Delta t}{2}, \dfrac{\Delta t}{2}\right)$일 때 $\int \eta^2 P(\eta)d\eta = q\delta(t) \approx \dfrac{q}{\Delta t}$이므로,

$$\int_{-a}^{a} \eta^2 \frac{1}{2a} d\eta = \frac{1}{2a} 2\left(\frac{a^3}{3}\right) = \frac{a^2}{3} = \frac{q}{\Delta t}$$

이고, 이로부터 $a = \sqrt{\dfrac{3q}{\Delta t}} = \sqrt{\dfrac{6k_B T}{\Delta t}}$를 얻는다. 계산의 편의상 $k_B = 1$의 단위로 온도를 정의한다고 하면, 결국 $a = \sqrt{\dfrac{6T}{\Delta t}}$의 식을 얻는다. 시간간격 $\Delta t$를 이용하여 운동방정식을 수치적분할 때, 매 단계마다 마구잡이 변수인 $\eta$를 $[-a, a]$의 구간 안에서 균일하게 추출해 이용하면 된다는 것을 알 수 있다.

## 확률 방정식의 수치 적분법

확률 방정식 $\dot{v} = -v + \eta(t)$을 수치 적분하는 가장 단순한 방법은 앞에서 배운 오일러 방법이다. $v(t + \Delta t) = v(t) + \Delta t[-v(t) + \eta(t)]$를 이용해 브라운 운동을 구현하는 코드는 아래와 같다. 전체 적분구간의 후반부 절반에 대해서 $v^2(t)$의 시간 평균을 구하면 입력온도와 비교할 수 있다.

```
import numpy as np, matplotlib.pyplot as plt
v0 = 1.0; x0 = 0.0; T = 1.0;
dt = 0.01; maxt = 1000.0
t_arr = []; x_arr = []; v_arr = []; v2_arr = []
x, v = x0, v0
a = np.sqrt(6*T/dt)
for t in np.arange(0, maxt, dt):
    t_arr.append(t); x_arr.append(x); v_arr.append(v);
    v2_arr.append(v*v)
    eta = a*(2*np.random.rand() - 1.0) # 범위가 [-a,a)인 균일한 난수 생성.
    x += dt*v
    v += dt*(-v + eta)
plt.plot(t_arr,x_arr)
plt.xlabel("t")
plt.ylabel("x")
plt.show()
plt.plot(t_arr,v_arr)
plt.xlabel("t")
plt.ylabel("v")
plt.show()
print( np.average(v2_arr[len(v2_arr)//2:-1]))
```

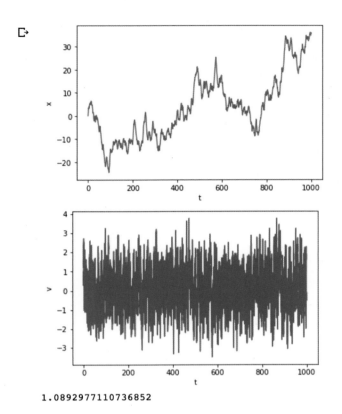

```
1.0892977110736852
```

위 코드에서 numpy 패키지의 random.rand()는 0에서 1사이의 난수를 균일한 확률로 뽑아준다. 이를 −a에서 a사이의 범위로 바꿔 주기 위해 a*(2*np. random. rand() - 1.0)와 같이 쓸 수 있다.

> **과제 1**
>
> 운동에너지의 시간 평균을 구하면, 이를 이용해 온도를 추정할 수 있다. $\Delta t$를 0.01부터 0.2까지 0.01의 간격으로 운동에너지의 시간 평균으로 추정한 온도 $T$를 $\Delta t$의 함수로 그리시오.

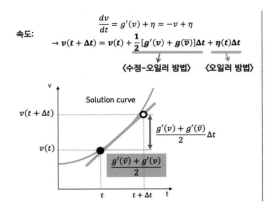

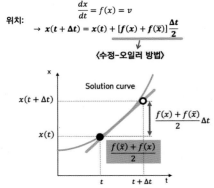

속도:
$$\frac{dv}{dt} = g'(v) + \eta = -v + \eta$$
$$\rightarrow v(t+\Delta t) = v(t) + \frac{1}{2}[g'(v) + g(\bar{v})]\Delta t + \eta(t)\Delta t$$
〈수정-오일러 방법〉  〈오일러 방법〉

위치:
$$\frac{dx}{dt} = f(x) = v$$
$$\rightarrow x(t+\Delta t) = x(t) + [f(x) + f(\bar{x})]\frac{\Delta t}{2}$$
〈수정-오일러 방법〉

위의 과제를 수행하면 시간간격 $\Delta t$가 커지면서 운동에너지의 시간 평균으로 추정한 온도가 프로그램에서 가정한 온도와 다르다는 것을 볼 수 있다. 브라운 운동과 같은 확률방정식을 적분할 때 유용한 방법을 소개하고자 한다. $\frac{dv}{dt} = -v + \eta(t)$ 에서 우변의 첫 항에 대해서는 앞에서도 등장했던 수정-오일러 방법을, 한편 $\eta(t)$에 대해서는 보통의 오일러 방법을 적용하는 방식이다. RKHG(Runge-Kutta-Helfand-Greenside) 방법이라 불린다. 먼저 $v(t+\Delta t)$를 추정하는 것이 필요한데, 이 추정치를 $\bar{v}$라고 부르자. $\bar{v}$는 오일러 방법을 적용해 다음과 같이 얻을 수 있다.

$$\bar{v} = v(t) + \Delta t[-v + \eta(t)]$$

$v(t)$와 $\bar{v}$의 평균값을 이용하는 수정-오일러 방법을 운동방정식의 첫 항에 적용하면, 다음의 식을 얻는다.

$$v(t+\Delta t) = v(t) + \Delta t\left[\left(\frac{v(t)+\bar{v}}{2}\right) + \eta(t)\right]$$

RKHG 방법을 이용해 브라운 운동의 운동방정식을 적분하는 코드는 아래와 같다.

```
import numpy as np, matplotlib.pyplot as plt
v0 = 1.0; x0 = 0.0; T = 1.0;
dt = 0.01; maxt = 1000.0
t_arr = []; x_arr = []; v_arr = []; v2_arr = []
x, v = x0, v0
a = np.sqrt(6*T/dt)
for t in np.arange(0, maxt, dt):
```

```
    t_arr.append(t); x_arr.append(x); v_arr.append(v);
    v2_arr.append(v*v)
    vtem = v # t에서의 v값을 vtem으로 저장.
    eta = a*(2*np.random.rand() - 1.0)
    vbar = v + dt*( -v + eta) # t+dt에서의 v값을 추정
    v += dt*( 0.5*( -v - vbar ) + eta )  #
    x += dt*0.5*( vtem + v )
plt.plot(t_arr,x_arr)
plt.show()
plt.plot(t_arr,v_arr)
plt.show()
print( np.average(v2_arr[len(v2_arr)//2:-1]))
```

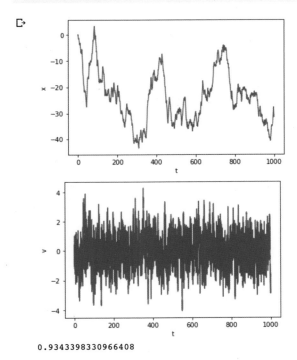

0.9343398330966408

---

과제 2

$(\Delta x)^2 = <[x(t)-x(0)]^2>$를 시간 $t'$에 대한 평균 $<[x(t+t')-x(t')]^2>_{t'}$ 을 이용해 구하고, 이를 앞에서 구한 해석적인 답 $2T(t+e^{-t}-1)$과 비교하는 그래프를 그리시오. 오일러 방법과 RKHG 방법을 각각 적용하시오.

# CHAPTER 13

# 몬테카를로

## 몬테카를로 방법

통계물리학을 비롯한 다양한 분야에서 몬테카를로(Monte Carlo) 방법을 이용한 시늉내기(simulation)가 널리 쓰이고 있다. 넓은 의미의 몬테카를로 방법은 매번 다른 결과가 얻어지도록 마구잡이 수(random number)를 이용해 결과를 얻는 것을 뜻한다. 간단한 예를 하나 들어보자. 종이 위에 반지름이 1인 원을 그려놓고, 다음 그림과 같이 원이 내접하는 한 변의 길이가 2인 정사각형을 생각하자.

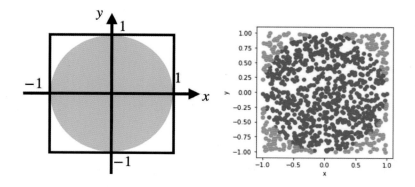

왼쪽은 반지름이 1인 원에 외접하는 정사각형 그림이다. 원의 넓이를 몬테카를로 방법으로 구하기 위해 오른쪽 그림과 같이 정사각형 안의 점 $N = 1000$개를 무작위

로 뽑아 사용한다. 원 안의 점은 파란색으로 원 밖의 점은 주황색으로 표현하였다.

임의로 -1에서 1 사이의 값 $x$를 하나 택하고, 마찬가지로 -1에서 1 사이의 또 다른 값 $y$를 택해서 점 $(x,y)$를 얻자. 만약 $x^2 + y^2 < 1$를 만족하면, 이 점은 원의 내부에 놓여있다는 뜻이고, 이 부등식을 만족하지 못한다면 원 외부의 점이라는 뜻이다. 위의 과정을 $N$번 반복했더니, 마구잡이로 택한 점이 원의 내부에 놓인 경우가 $N_1$번 일어났다면, 이 두 수의 비 $N_1/N$는 다름 아닌 원의 면적($\pi$)과 정사각형의 면적(4)의 비율이 된다. 즉, $N$이 늘어날수록 $N_1/N$의 값은 $\pi/4$로 접근하게 된다. 간단히 이 과정을 구현해 원주율 $\pi$를 계산하는 코드를 적어 보자. 아래에서 (x**2 + y**2 < 0)은 괄호안이 참이면 1, 거짓이면 0을 주는 논리연산이며, 이 연산의 결과로 0 또는 1의 값이 담긴 배열을 얻게 된다. np.mean()은 이렇게 얻어진 배열의 원소의 값을 모아서 평균을 구하게 되므로, 결국 전체 N개의 점 중 원의 내부에 놓인 점의 수 N₁의 비율을 변수 ratio에 할당하게 된다.

```
import numpy as np
for N in 10**np.array([1,2,3,4,5,6,7]):
    x = np.random.rand(N)*2 - 1.0
    y = np.random.rand(N)*2 - 1.0
    ratio = np.mean((x**2 + y**2 < 1.0))
    print(N, ratio*4)
```

```
10 4.0
100 3.24
1000 3.196
10000 3.1528
100000 3.14648
1000000 3.13982
10000000 3.1412436
```

원의 면적을 구하는 위의 예처럼, 일반적으로 몬테카를로 방법은 마구잡이 변수를 이용한 수치 적분이라고 생각할 수 있다. 예를 들어 $\int_0^5 e^{-x^2} dx$의 값을 몬테카를로 방법을 이용해 구해보는 문제를 생각해보자. 위의 코드와 같은 방법으로 $x \in [0,5]$, $y \in [0,1]$의 직사각형 영역에서 마구잡이로 $(x,y)$를 여러 번 택해 이중 $y < e^{-x^2}$을 만족하는 점의 숫자를 세어서 적분값을 구할 수도 있다. 하지만 조금만 생각해보면 이 방법은 심각한 결함이 있다는 것을 알 수 있다. $e^{-x^2}$이 급격히 줄어

드는 꼴이라서 $x$가 큰 영역에서는 이 부등식을 만족하는 $(x,y)$가 거의 택해지지 않기 때문이다.

---

**예제 1**

위에서 설명한 방법을 따라 $(x,y) \in [0,5] \times [0,1]$를 만족하는 무작위 수 $(x,y)$를 $N$번 택해서 $\int_0^5 e^{-x^2} dx$의 값을 계산하는 코드를 작성하시오.

---

좀 더 나은 다른 방법도 있다. $x \in [0,5]$를 만족하는 $x$를 $N$개 무작위로 택하면, 인접한 두 $x$사이의 간격은 $\Delta x \approx 5/N$이 된다. 이를 이용하면 적분 $\int_0^5 e^{-x^2} dx$의 근사값은 $\dfrac{5}{N} \sum_{i=1}^{N} e^{-x_i^2}$로 어림할 수 있다. 이 방법으로 적분값을 구하는 코드는 아래와 같다. 코드를 실행해서 위 예제의 결과와 비교해보라.

```python
import numpy as np, matplotlib.pyplot as plt
for N in 10**np.array([1,2,3,4,5,6,7]):
    x = np.random.rand(N)*5
    y = np.exp(-x**2)
    print(N, np.sum(y)*5.0/N)
```

```
10 0.40832301398322846
100 1.2300276729203548
1000 0.9493948915304862
10000 0.8851448483819894
100000 0.8782850814014511
1000000 0.8875970658302541
10000000 0.8862851421767179
```

다음에는 몬테카를로 방법에서 널리 쓰이는 중요성 샘플링(importance sampling)에 대해 알아보자. 위에서 생각한 함수 $e^{-x^2}$은 $x$가 커지면서 급격히 그 값이 줄어들게 되므로, 최종 적분값에 대한 대부분의 기여는 $x$가 작을 때에 주로 생기게 된다. 이처럼 함수가 특정 영역에서만 큰 값을 가져 적분값에 더 중요하게 기여하는 영역에서는 좀 더 촘촘하게 샘플링을 하고, 이 영역 밖에서는 성기게 샘플링을 하는 것이 보다 정확한 수치 적분을 얻기에 유리하다는 것을 알 수 있다. 이처럼 영역

의 중요성에 따라 샘플링을 달리하자는 것이 바로 중요성 샘플링의 기본 아이디어
이다.

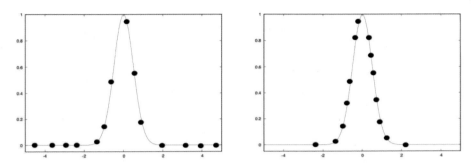

중요성 샘플링은 중요한 부분에서 더 촘촘하게 샘플링을 하는 방법이다. 중요성 샘플링(오른쪽)을 하면
균일한 샘플링(왼쪽)보다 더 정확한 적분값을 얻게 된다.

계산하고자 하는 함수 $f(x)$의 구간 $[a,b]$에서의 적분 $I=\int_a^b f(x)dx$를 위의 간
단한 코드에서는 아래와 같이 어림해서 계산했다.

$$I \approx \frac{b-a}{N}\sum_{i=1}^{N}f(x_i)$$

만약 확률분포함수 $p(x)$를 이용하여 $x$를 샘플링하면, 구간 $[x, x+\Delta x]$에서 $x$가
택해질 확률은 $p(x)\Delta x$이고, 모두 $N$개의 $x$를 샘플링하므로 구간 $[x, x+\Delta x]$ 안
에서 샘플링한 $x$의 개수는 $n = Np(x)\Delta x$가 된다. 이 구간 안에서 샘플링 된
$x_1$, $x_2$, $\cdots$, $x_n$을 생각하면, 구하고자 하는 적분값 중 구간 $[x, x+\Delta x]$이 기여하
는 부분은 아래와 같이 적을 수 있다.

$$f(x)\Delta x \approx \left[\frac{1}{n}\sum_{i=1}^{n}f(x_i)\right]\Delta x = \frac{1}{Np(x)}\sum_{i=1}^{n}f(x_i) \approx \frac{1}{N}\sum_{i=1}^{n}\frac{f(x_i)}{p(x_i)}$$

이를 전체 구간 $[a,b]$에 대해 모두 더하면 아래의 식을 얻게 된다.

$$I \approx \frac{1}{N}\sum_{i=1}^{N}\frac{f(x_i)}{p(x_i)}$$

다음에는 $I=\int_0^5 e^{-x^2}dx$의 값을 중요성 샘플링을 이용해 계산해보자. 중요성 샘

플링을 이용하기에 가장 좋은 함수는 물론 $p(x) = Ae^{-x^2}$임은 분명하지만, 비례상수 $A$의 값이 다름 아닌 $1/I$이므로 $p(x) = Ae^{-x^2}$를 이용할 수는 없다. 아래에서는 대신 $p(x) = Ae^{-x}$를 이용하고자 한다. 상수 $A$는 $\int_0^5 p(x)dx = A(1 - e^{-5}) = 1$이므로 $A = \dfrac{1}{1 - e^{-5}}$이다. 위에서 얻은 식 $I \approx \dfrac{1}{N}\sum_{i=1}^{N}\dfrac{f(x_i)}{p(x_i)}$을 이용하기 위해서는 먼저 $x$를 확률분포함수 $p(x) = \dfrac{e^{-x}}{1 - e^{-5}}$를 이용해 샘플링해야 한다.

임의의 확률분포 $p(x)$를 갖는 마구잡이 수를 얻는 간단한 방법이 있다. $y$가 구간 [0,1]에서 일정한 값을 갖는 균일한 확률분포 $p(y) = 1$를 갖는 확률변수라면 $p(x)dx = p(y)dy = dy$이므로 $y = \int_0^x p(x')dx' = A\int_0^x e^{-x'}dx' = A(1 - e^{-x})$를 얻고, 이를 정리하면 $1 - \dfrac{y}{A} = e^{-x}$이므로 $x = -\ln\left(1 - \dfrac{y}{A}\right)$이다. 즉 0과 1 사이의 균일한 분포를 가진 마구잡이 수 $y$를 생성하고 이에 해당하는 값 $x = -\ln\left(1 - \dfrac{y}{A}\right)$를 계산하고는 이를 이용해 $I \approx \dfrac{1}{N}\sum_{i=1}^{N}\dfrac{f(x_i)}{p(x_i)} = \dfrac{1}{N}\sum_{i=1}^{N}\dfrac{e^{-x_i^2}}{Ae^{-x_i}}$를 계산하면 $I = \int_0^5 e^{-x^2}dx$의 어림값을 얻게 된다. 아래의 프로그램을 살펴보라.

```
import numpy as np, matplotlib.pyplot as plt
A = 1.0/(1.0 - np.exp(-5.0))
for N in 10**np.array([1,2,3,4,5,6,7]):
    y = np.random.rand(N)
    x = -np.log( 1.0 - y/A)
    I = np.sum( np.exp(-x*x)/np.exp(-x) )/A/N
    print(N, I)
```

```
10 0.970203771614862
100 0.9584898759469851
1000 0.8945568514419774
10000 0.8897850232302348
100000 0.8848700205296341
1000000 0.8853470958424513
10000000 0.886179268337401
```

코드의 실행 결과를 $I = \int_0^5 e^{-x^2}dx = \dfrac{1}{2}\sqrt{\pi}\,\mathrm{erf}(5) \approx 0.886227$과 비교해보라.

## 예제 2

$I = \int_0^5 e^{-x^2} dx$ 의 값을 확률분포 $p(x) = \dfrac{2}{5}\left(1 - \dfrac{x}{5}\right)$ 를 이용한 중요성 샘플링을 통해 구하시오.

## 통계역학에서의 몬테카를로 방법의 이용

통계역학의 바른틀 모듬(canonical ensemble)에서 계가 특정 상태 $\vec{x}$ 에 있을 확률은 이 상태에 해당하는 해밀토니안 $H(\vec{x})$ 를 이용해 볼츠만 확률분포 $\dfrac{e^{-\beta H(\vec{x})}}{Z}$ 로 주어진다. 여기서 $Z = \int d\vec{x}\, e^{-\beta H(\vec{x})}$ 는 분배함수(partition function)라 불린다. 통계역학을 이용해 물리량 $O(\vec{x})$ 의 바른틀 모듬의 평균을 구하는 식은 다음과 같이 적분의 형태로 적는다.

$$< O(\vec{x}) > \; = \; \frac{1}{Z} \int d\vec{x}\, O(\vec{x}) e^{-\beta H(\vec{x})}$$

즉 물리량의 열역학적인 평균값을 구하는 것은 수학적으로는 적분을 수행하는 과정일 뿐이다. 위의 식에서 적분이 수행되는 벡터 공간은 거시적인 물리계의 경우에 엄청나게 높은 차원을 가지게 되어서, 단순한 방법으로는 적분을 하는 것이 불가능하다.

예를 들어 3차원에서 움직이는 100개의 입자가 있는 경우, 입자 하나당 위치와 운동량이 각각 3차원 벡터이므로, 위의 적분은 모두 600차원 벡터 공간에서의 적분이 된다. $\vec{x}$ 가 연속적인 값이 아닌, 전자의 스핀처럼 $\sigma_i = \pm 1$ 두 값만을 가지는 경우에는 적분이 아니라 합계를 구하는 방법을 이용하게 되어,

$$< O(\vec{\sigma}) > = \frac{1}{Z} \sum_{\sigma_1 = \pm 1} \sum_{\sigma_1 = \pm 1} \cdots \sum_{\sigma_{100} = \pm 1} O(\vec{\sigma}) e^{-H(\vec{\sigma})}$$

를 이용할 수 있다. 하지만 이 경우에도 더해야 하는 항의 개수가 $2^{100}$ 이어서 컴퓨터를 이용하더라도 정확한 값을 계산하는 것은 불가능에 가깝다.

중요성 샘플링을 이용한 몬테카를로 방법을 적용하면 위의 난점을 해결할 수 있다. 거시적인 계의 경우에는 $\vec{x}$ 가 존재하는 높은 차원의 벡터 공간안에서

$< O(\vec{x}) >$에 유의미하게 기여하는 영역은 극히 작기 때문이다. 이 부분에서 주로 샘플링이 이루어지도록 중요성 샘플링을 적용하면 아주 효율적으로 열역학적인 양들을 계산할 수 있다.

적분하고자 하는 함수 $f(x)$에 비례하도록 중요성 샘플링의 확률분포를 택하는 것이 유리하다고 할 수 있지만, 실제로 이를 이용할 수는 없다. 즉, $p(x) = Af(x)$로 적으면, 비례상수 $A$는 $\int p(x)dx = A \int f(x)dx = 1$의 조건을 이용해 얻어야 하는데, $1/A = \int f(x)dx$이므로 구하고자 하는 적분값 $\int f(x)dx$를 알아야만 $p(x) = Af(x)$를 이용할 수 있기 때문이다.

통계역학의 몬테카를로 계산에서 가장 널리 쓰이는 방법인 메트로폴리스 알고리즘(Metropolis algorithm)은 바로 이 측면에서 신기한 방법이다. $A$의 값을 구하지 않고도 $p(x) = Af(x)$를 이용할 수 있다. 바른틀 모듬에서의 열역학적인 평균에 대해 바꿔 얘기하면, $< O(\vec{x}) > = \frac{1}{Z} \int d\vec{x} O(\vec{x}) e^{-\beta H(\vec{x})}$에서 $Z$를 모르고도 $p(\vec{x}) = \frac{e^{-\beta H(\vec{x})}}{Z}$를 이용해 중요성 샘플링을 하는 놀라운 방법이다. 중요성 샘플링의 확률분포를 이처럼 볼츠만 확률분포로 택하면 평균값은 아래의 식으로 아주 간단한 산술평균의 꼴로 적힌다.

$$< O(\vec{x}) > = \frac{1}{Z} \int d\vec{x} O(\vec{x}) e^{-\beta H(\vec{x})} \approx \frac{1}{ZN} \sum_{i=1}^{N} O(\vec{x_i}) \frac{e^{-\beta H(\vec{x_i})}}{p(\vec{x_i})} = \frac{1}{N} \sum_{i=1}^{N} O(\vec{x_i})$$

## 메트로폴리스 알고리즘

시스템이 $\mu$라는 상태에 있을 확률을 $P_\mu$라고 적자. 그리고 시스템이 $\mu$에서 다른 상태 $\nu$로 전이할 확률(전이확률, transition probability)을 $W(\mu \to \nu)$라고 하자. $P_\mu$가 시간($t$)에 따라 변해가는 것을 기술하는 것이 바로 아래의 으뜸방정식(master equation)이다.

$$\frac{dP_\mu}{dt} = \sum_\nu P_\nu W(\nu \to \mu) - \sum_\nu P_\mu W(\mu \to \nu)$$

상태 $\mu$에 있을 확률은 다른 상태 $\nu$가 $\mu$로 전이하는 과정에서는 커지고, $\mu$가 $\nu$로 전이하는 과정에서는 줄어드는 것을 생각하면 으뜸방정식의 의미를 쉽게 이해할 수 있다.

메트로폴리스 알고리즘은 시간이 흐르면서 확률분포 $P_\mu$가 평형상태의 확률분포인 $P_\mu^{eq} = \dfrac{e^{-\beta H_\mu}}{Z}$를 향해 접근하도록 하는 방법이다. 평형상태에 도달한 다음에는 $P_\mu$는 시간에 따라 더 이상 변하지 않으므로 위의 으뜸방정식에서 $\dfrac{dP_\mu^{eq}}{dt} = 0$이 되고, 따라서 아래의 식을 만족하게 된다.

$$\sum_\nu \left[ P_\nu^{eq} W(\nu \to \mu) - P_\mu^{eq} W(\mu \to \nu) \right] = 0$$

다음에는 위의 조건이 전체의 총합이 아닌 개개의 항 하나하나에도 성립하다는 조건(detailed balance라고 부른다)을 추가로 요구해 다음의 조건을 얻는다.

$$\frac{W(\nu \to \mu)}{W(\mu \to \nu)} = \frac{P_\mu^{eq}}{P_\nu^{eq}} = e^{-\beta(H_\mu - H_\nu)}$$

즉, $\dfrac{W(\nu \to \mu)}{W(\mu \to \nu)} = e^{-\beta(H_\mu - H_\nu)}$를 만족하도록 전이확률 $W(\mu \to \nu)$을 택하면, 위의 으뜸방정식을 통해 확률분포 $P_\mu$는 시간이 지나면서 $P_\mu^{eq} = \dfrac{e^{-\beta H_\mu}}{Z}$로 저절로 다가서게 되고, 이후에는 중요성 샘플링이 바로 이 볼츠만 확률분포를 따라서 이루어지게 된다. 시스템의 현재 상태를 $\mu$라고 하고 다음 전이할 상태를 $\nu$라고 하면 두 상태의 에너지 차이는 $\Delta E = H_\nu - H_\mu$가 되는데, 표준적인 메트로폴리스 알고리즘에서는 아래의 전이확률을 이용한다(위의 detailed balance 조건을 만족함을 확인해보라).

만약 $\Delta E \leq 0$이면, $W(\mu \to \nu) = 1$,
만약 $\Delta E > 0$이면, $W(\mu \to \nu) = e^{-\beta \Delta E}$.

## 메트로폴리스 알고리즘을 이용한 몬테카를로 방법의 적용: 이징 모형

이징 모형(Ising model)은 통계물리학의 발전에서 큰 역할을 한 간단한 모형이다. 이징 모형의 해밀토니안(Hamiltonian)은 아래의 형태로 적힌다.

$$H = -\frac{J}{2} \sum_{ij} A_{ij} S_i S_j$$

$i$번째 스핀값은 $S_i = \pm 1$ 둘 중 한 가지 값을 가지며, 강자성 상호작용을 하는 경우 $J$는 0보다 크다. 상호작용의 구조를 기술하는 행렬(인접 행렬, adjacency matrix)의 성분 $A_{ij}$는 두 스핀 $S_i$와 $S_j$가 상호작용하고 있는 경우에는 1의 값을 그렇지 않은

경우에는 0의 값을 가진다. 두 스핀의 상호작용은 반대 방향으로도 있으므로 $A_{ij}$는 대칭행렬이고, 두 스핀 사이 상호작용의 합계를 계산할 때 두 번씩 등장하므로 전체를 2로 나눴다. 2차원의 사각격자의 형태로 놓여 가장 가까운 스핀하고만 상호작용을 하는 최인접 상호작용 이징 모형 뿐 아니라 임의의 상호작용의 구조를 인접행렬 $A_{ij}$를 이용해 구현할 수 있다.

이징 모형은 특정한 온도에서 상전이를 보여주는데, 온도가 상전이 온도보다 낮은 경우에는 상당히 많은 스핀들이 같은 방향을 가리켜서 $m = \dfrac{1}{N}\left|\sum_i S_i\right|$의 값이 0보다 큰 유한한 값을 갖고, 높은 온도에서는 스핀들의 방향이 뒤죽박죽이 되어서 $m$의 값이 0이 된다. 이처럼 이징 모형의 상전이는 질서도(order parameter)라 불리는 $m$의 평균값을 이용해 연구할 수 있다.

몬테카를로 방법으로 이징 모형의 상전이를 알아보는 프로그램을 작성해보자. 메트로폴리스 알고리즘에서는 현재의 주어진 스핀 상태 $\vec{S} = \{S_1, S_2, S_3, \cdots, S_N\}$로부터 다른 상태 $\vec{S'} = \{S_1{}', S_2{}', S_3{}', \cdots, S_N{}'\}$로의 전이확률로 만약 $\Delta E = H(\vec{S'}) - H(\vec{S})$의 값이 0보다 작으면 $W(\vec{S} \to \vec{S'}) = 1$, 0보다 크면 $W(\vec{S} \to \vec{S'}) = e^{-\beta \Delta E}$를 이용한다. $\vec{S}$로부터 $\vec{S'}$을 만드는 방법으로는 다양한 방법이 있지만, 가장 단순한 경우로서 $N$개의 스핀 중 딱 하나의 스핀만이 뒤집힌 상황을 생각하자. 즉, $\vec{S'}$에 들어있는 스핀 중 $k$번째 스핀 하나만 $S_k{}' = -S_k$이고 $j(\neq k)$번째 스핀은 $S_j{}' = S_j$이다.

이징 모형의 몬테카를로 계산은 아래의 절차를 따라 수행한다.

1. 전체 $N$개의 스핀 중 임의로 하나를 골라($k$번째 스핀이라 하자), $S_k$를 $-S_k$로 바꾸자. 이렇게 만들어진 스핀 상태를 $\vec{S'}$이라 하자.

2. 에너지의 차이 $\Delta E = H(\vec{S'}) - H(\vec{S})$를 계산한다.

3. 만약 $\Delta E \leq 0$이면, $\vec{S}$에서 $k$번째 스핀을 뒤집는다. 즉 $S_k \to -S_k$.

   만약 $\Delta E > 0$이면, $e^{-\beta \Delta E}$의 확률로 $\vec{S}$에서 $k$번째 스핀을 뒤집는다. 즉 $S_k \to -S_k$.

   (코드에서 0과 1 사이의 마구잡이 수 $r$을 생성하고는 $r < e^{-\beta \Delta E}$을 만족하면 스핀을 뒤집으면 된다.)

4. 질서도 $m = \dfrac{1}{N}\left|\sum_i S_i\right|$를 계산해 저장한다.

5. 다시 과정1~과정4를 여러 번 반복한다.

6. 모든 단계가 끝난 후 질서도의 평균값 $<m>$을 출력한다.

7. 위 전 과정을 온도 $T$를 바꿔가면서 반복한다.


전역적인 상호작용을 하는 이징 모형은 모든 $i, j$에 대하여 $A_{ij} = \dfrac{1}{N}$를 이용해 구현할 수 있다. 1이 아니라 $1/N$을 이용한 이유는, 시스템의 해밀토니안이 $N$에 비례해야 하기 때문이다. 아래의 코드는 온도 $T$의 함수로 $m$과 비열을 구해 그래프로 그린다.

```python
import numpy as np, matplotlib.pyplot as plt

N = 1000 # 스핀 개수
MCstep = 10000 # 전체 몬테카를로 스텝

def calE(A,S):
    return(-0.5*S@A@S.T) # @연산은 행렬곱 연산을 뜻한다.

def MCrun(A, S, N, T, E):
    Snew = np.copy(S)
    k = np.random.randint(N) # 업데이트 할 스핀 하나를 무작위적으로 뽑는다
    Snew[k] *= -1
    Enew = calE(A,Snew)
    DeltaE = Enew - E
    if (DeltaE <= 0.0): S[k] *= -1; E = Enew
    elif (np.random.rand() < np.exp(-DeltaE/T)): S[k] *= -1; E = Enew
    return(E)

A = np.ones([N,N])/N # 모두 다 연결되어 있는 경우의 인접 행렬
S = 2*(np.random.rand(N) > 0.5) -1 # 스핀 벡터의 초기화

xarr = []; yarr1 = []; yarr2 = []

E = calE(A,S)

for T in np.arange(0.1,2.0,0.1): # 계산하는 온도 T에 대한 for loop
    # 평형으로 가는 과정
    for n in range(MCstep):  # 주어진 T에서 몬테카를로 계산
        E = MCrun(A,S,N,T,E)

    # 평형화 된 이후 질서도 측정
    m = 0.0; sumE = 0.0; sumE2 = 0.0
    for n in range(MCstep):  # 주어진 T에서 몬테카를로 계산
        E = MCrun(A,S,N,T,E)
```

```
        m += np.abs(np.mean(S))
        sumE += E; sumE2 += E*E

    print(T, m/MCstep)
    sumE /= MCstep
    sumE2 /= MCstep
    xarr.append(T)
    yarr1.append(m/MCstep)
    yarr2.append((sumE2 - sumE*sumE)/T/T/N)

plt.plot(xarr,yarr1)
plt.xlabel("T")
plt.ylabel("<m>")
plt.show()

plt.plot(xarr,yarr2)
plt.xlabel("T")
plt.ylabel("specific heat")
plt.show()
```

```
⬚→  0.1 1.0
    0.2 1.0
    0.30000000000000004 0.9981689999999389
    0.4 0.9837266000000245
    0.5 0.9600200000000343
    0.6 0.901560000000032
    0.7000000000000001 0.8137319999999953
    0.8 0.7158559999999974
    0.9 0.530781799999997
    1.0 0.15580260000000065
    1.1 0.09857759999999921
    1.2000000000000002 0.032882599999999075
    1.3000000000000003 0.04841359999999845
    1.4000000000000001 0.029971799999999535
    1.5000000000000002 0.03142520000000054
    1.6 0.037157799999999505
    1.7000000000000002 0.04106659999999954
    1.8000000000000003 0.041607999999999416
    1.9000000000000001 0.0315442000000004
```

전역적인 상호작용을 하는 이징 모형의 경우 $M = \sum_i S_i$를 변수로 이용하면 $H = -\dfrac{J}{2N}M^2$이 된다. 이 식을 이용해 위의 프로그램을 보다 효율적으로 만들어보시오. $k$번째 스핀을 뒤집는 시도와 관련된 에너지 차이 $\Delta E$도 $M$을 이용하면 쉽게 계산할 수 있음도 이용하시오.

이차원 사각격자 위에서 최인접 스핀하고만 상호작용을 하는 이징 모형을 생각하자. 주기적인 경계조건이 적용된 $A_{ij}$를 구현하고, 몬테카를로 계산을 통해 $m$을 얻어 온도의 함수로 그래프를 그리시오. 상전이 온도를 추정하시오.

COMPUTATIONAL PHYSICS

# PART
# IV

# 전산물리 응용

# CHAPTER 14
## 퍼셉트론과 학습

## 퍼셉트론과 학습

### 퍼셉트론

분류의 문제는 앞장에서 설명한 곡선 맞춤 문제와 함께 기계학습에서 많이 다루는 문제이다. 2차원 평면 위에 놓인 점들이 있다고 하자. 이 경우, 적당한 곡선을 택해서, 각 점이 곡선의 위인지 아래인지 혹은 왼쪽인지 오른쪽인지에 따라 두 개의 그룹으로 점들을 나누는 것이 바로 분류 문제이다. 예를 들어, 사람들의 키($x$)를 가로축, 몸무게($y$)를 세로축으로 해서 2차원 평면에 여러 사람의 자료를 점으로 표시했다고 해 보자. 이때, 적당한 곡선 $y = f(x)$를 택해서 $y > f(x)$인 경우에는 과체중, $y < f(x)$의 경우에는 저체중이라고 판정하는 문제가 간단한 분류 문제의 한 예이다. 분류 문제에서는 바로 이 곡선 $y = f(x)$를 찾는 것이 목표가 된다. 가장 간단한 분류 문제는 $y = f(x)$가 한 직선인 경우인데, 이 경우 분류를 수행하는 것을 선형 분류기(linear classification)라고 부를 수 있다. 선형 분류기의 대표적인 예가 퍼셉트론(perceptron)이다.

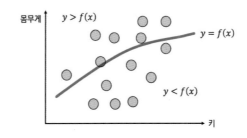

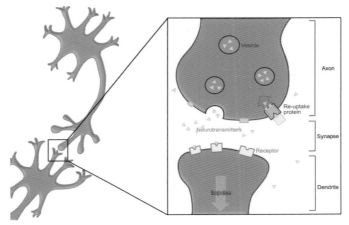

출처: Free Icon Library, https://icon-library.com/png/732549.html

　퍼셉트론은 동물의 뇌 안에 있는 신경세포(neuron)와 비슷한 방식으로 작동한다. 먼저, 신경세포의 작동방식에 대해 알아보자. 신경세포는 다른 신경세포와 시냅스라는 구조를 통해 연결되어있다. 시냅스 앞 신경세포(pre-synaptic neuron)에서 발생한 전기 신호는 축삭(axon)을 통해 시냅스로 전달되고, 이 정보는 시냅스를 거쳐 시냅스 뒤 신경세포의 수상돌기(dendrite)로 전달된다. 한 신경세포에는 여러 수상돌기가 있고, 각각의 수상돌기는 시냅스를 통해 다른 신경세포의 축삭을 따라 전달된 전기 신호를 받아들인다. 만약, 여러 시냅스를 통해 전달된 전기 신호의 합이 충분히 강하면, 신경세포는 발화(firing)하게 되는데, 이는 신경세포의 세포막 안팎의 전위차가 급격히 양의 값으로 커졌다가 줄어드는 꼴이다. 시냅스 앞 신경세포에서 전달된 정보는 시냅스를 통해 받아들여지는데, 정보가 받아들여지는 세기는 시냅스마다 다를 수 있다.

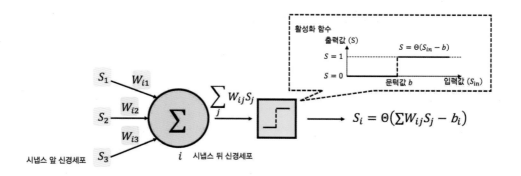

위의 과정을 단순화해서 신경세포의 발화를 기술하는 모형이 맥컬럭-피츠 모형 (McCulloch-Pitts Model)이다. 그림에서 $S_1$, $S_2$, $S_3$는 각각의 시냅스 앞 신경세포의 상태를 뜻하며 발화하지 않은 상태를 0, 발화한 상태를 1로 표시한다. 예를 들어, 그림의 세 시냅스 앞 신경세포 중 첫 번째 신경세포만 발화했다면 $S_1 = 1$, $S_2 = S_3 = 0$이다. 그림에서 $W_{ij}$는 시냅스 앞 신경세포 $j$와 시냅스 뒤 신경세포 $i$ 사이의 시냅스의 연결강도를 뜻한다. 즉, $W_{ij}S_j$는 $j$로부터 시냅스를 거쳐 $i$에 전달된 정보의 양이다. 시냅스 후 신경세포 $i$는 각각의 신경세포($j = 1$, 2, 3)와 연결된 시냅스를 거쳐 입력된 정보를 취합하고($\sum_j W_{ij}S_j$), 그 총합이 주어진 문턱값 $b$보다 큰 경우에는 발화($S_i = 1$)하고, 작은 경우에는 발화하지 않는다($S_i = 0$).

입력의 총합에 따라 발화 여부를 결정하는데 관여하는 함수를 활성화 함수 (activation function)라 부른다. 위에서 설명한 방식의 경우에는 활성화 함수는 간단한 계단 모양의 함수가 되는데, 물리학에서 자주 등장하는 헤비사이드 계단함수 (Heaviside step function) $\Theta(x)$를 이용하자. 이 계단함수 $\Theta(x)$는 $x \geq 0$이면 1이고 $x < 0$이면 0이다. 그러면 신경세포 $i$의 발화 여부는 $S_i = \Theta(\sum_j W_{ij}S_j - b)$의 수식으로 전 과정을 간단히 표현할 수 있다. 바로, 이러한 모형이 여러 신경세포로부터의 입력정보를 취합해 발화여부를 결정하는 신경세포를 단순화해서 기술하는 맥컬럭-피츠 모형이다.

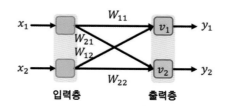

기계학습 분야의 퍼셉트론의 작동방식이 바로 위에서 설명한 신경세포 모형과 닮았다. 그림과 같은 연결 구조를 생각해보자. 그림의 가장 왼쪽의 두 노드는 입력층(input layer), 오른쪽 두 노드는 출력층(output layer)에 해당하고, 입력된 정보는 왼쪽에서 오른쪽 방향으로, 즉 입력층에서 출력층의 방향으로 전달된다. 정보가 항상 입력층에서 출력층의 한 방향으로 전달되므로, 이런 방식으로 작동하는 퍼셉트론을 순방향(feedforward) 퍼셉트론이라고 한다. 앞에서 설명한 신경세포 모형과 달리 퍼셉트론에서는 각 노드는 0과 1이라는 정숫값뿐 아니라 연속적인 실숫값도 가질 수 있다. 하지만 작동방식은 위에서 설명한 맥컬럭-피츠 모형과 아주 흡사하다.

입력층의 1번 노드에 입력된 정보 $x_1$은 신경세포 모형의 시냅스 연결강도에 해당하는 가중치(weight) $W_{11}$을 거쳐 출력층의 1번 노드에 전달되고, 마찬가지로 입력층 2번 노드의 정보 $x_2$는 $W_{12}$를 거쳐 출력층 1번 노드에 전달된다. 출력층 1번 노드에 전달되는 총 정보는 입력층의 두 노드 정보에 가중치를 곱하여 더한 후, 문턱값에 해당하는 양을 더한 것이고, 이를 $v_1$이라 부르자. 즉, $v_1 = W_{11}x_1 + W_{12}x_2 + b_1$이다. 앞의 신경세포의 경우와 비교하면 편의상 $b$의 부호를 바꿔 적었음에 유의하라($b_1 = -b$). 출력 노드의 상태가 변하는 기준값이 0에서 $b$로 바뀌게 되므로 $b$를 편향 혹은 바이어스(bias)라 부른다.

출력층 1번 노드가 출력하는 값 $y_1$은 $v_1$에 의해 결정되는데, 이를 결정하는 것이 앞에서도 등장했던 활성화 함수 $\phi(v)$이다. 먼저, 가장 간단한 활성화 함수의 예로서 맥컬럭-피츠 모형에서와 마찬가지로 $\phi(v) = \Theta(v)$를 택하면, $y_1 = \phi(v_1) = \Theta(v_1) = \Theta(W_{11}x_1 + W_{12}x_2 + b_1)$으로 적을 수 있다. 마찬가지의 과정을 거치면 출력층의 2번째 노드의 출력값은 $y_2 = \phi(v_2) = \Theta(v_2) = \Theta(W_{21}x_1 + W_{22}x_2 + b_2)$이다. 지금까지는 입력층과 출력층에 각각 노드가 두 개만 있는 경우를 생각했지만, 위의 과정은 노드의 개수가 임의로 주어져 있는 경우로 쉽게 확장 가능하다. 이 경우 출력층의 $i$번째 노드의 출력값은 $y_i = \phi(v_i) = \Theta(v_i) = \Theta(\sum_j W_{ij}x_j + b_i)$로 적을 수 있다.

순방향 퍼셉트론을 분류기로 이용하는 간단한 예로서 논리곱(AND)을 생각해보자. 논리곱 연산은 두 입력값이 모두 참(True)이면 결과가 참이지만, 그 밖의 모든 경우에는 거짓(False)을 결과로 주는 연산이다. 참을 1로, 거짓을 0으로 표시하면 논리곱 연산은 다음과 같은 표의 형태로 정리해 적을 수 있다.

| $x_1$ | $x_2$ | $y$ |
|---|---|---|
| 1 | 1 | 1 |
| 1 | 0 | 0 |
| 0 | 1 | 0 |
| 0 | 0 | 0 |

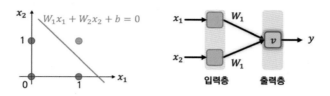

자, 논리곱을 퍼셉트론을 이용해 구현해 보자. 위의 그림에서 생각한 경우보다 상황은 더 간단해서 출력층의 노드는 딱 한 개만 필요하다. 참인지 거짓인지 둘 중 하나만 판별하면 되기 때문이다. 즉, $y = \phi(v) = \Theta(v) = \Theta(W_1 x_1 + W_2 x_2 + b)$의 형태로 적을 수 있다. 가중치 $W_1, W_2$ 그리고 편향값 $b$를 어떻게 체계적으로 정하는지에 대한 설명은 뒤에서 하자. $W_1 = W_2 = 1$, $b = -1.5$로 고정하면 논리곱 연산이 구현되는 것을 아래 코드를 실행해서 확인해보자.

```python
import numpy as np, matplotlib.pyplot as plt
def phi(x):
    return ( np.heaviside(x, 0.0) )
x = np.array( [[1,1], [1,0], [0,1], [0,0]] )
W = np.array( [1,1])
b = -1.5
for n in range(4):
    v = np.sum(W*x[n]) + b
    y = phi(v)
    print(x[n], y)
```

```
[1 1] 1.0
[1 0] 0.0
[0 1] 0.0
[0 0] 0.0
```

위 코드에서는 numpy의 heaviside(x,a)를 이용했는데, 이 함수는 만약 $x > 0$ 이면 1의 값을, $x < 0$이면 0의 값을 돌려주며, 만약 x의 값이 정확히 0이면 a의 값을 돌려준다. 참고로 numpy에는 sign(x) 함수도 있는데 이를 이용해 헤비사이드 계단함수를 구현할 수도 있다. 위 코드에서 x = np.array( [[1,1], [1,0], [0,1], [0,0]] )는 네 개의 요소로 구성된 배열 x를 만든다. 즉, x[0] = [1,1], x[1] = [1,0], x[2] = [0,1], x[3] = [0,0]이다. 마찬가지로 W = np.array([1,1])도 배열 W를 만드는데, W[0] = 1, W[1] = 1이다. 다음으로 $v = W_1 x_1 + W_2 x_2 + b$를 구하기 위해 먼저 np.sum(W*x[n])을 이용했다. W*x[n]은 각각의 요소끼리 곱하는 연산이고, sum은 이렇게 얻어진 요소를 모두 더해 총합 ($W_1 x_1 + W_2 x_2$)을 구하는 함수이다. 최종적으로 $b$를 더해 $v = W_1 x_1 + W_2 x_2 + b$를 얻는다.

---

**예제 1**

위 코드에서 numpy의 heaviside()를 sign()을 이용해 바꿔보시오. 또, v = np.sum(W*x[n]) + b를 np.dot()를 이용해 바꿔 작성하고 결과를 확인하시오. 또, 함수 matmul() 혹은 연산자 @를 이용해 모든 가능한 네 개의 입력에 대한 계산을 for loop을 이용하지 않고 한 번에 수행하도록 프로그램을 작성해 보시오.

---

**예제 2**

$W_1 = W_2 = 1$, $b = -1.5$을 이용하면 올바른 논리곱이 출력되는 이유를 설명하시오. 논리합(OR)을 올바로 출력하기 위한 $W_1$, $W_2$, $b$의 값을 생각하고, 이를 이용해 논리합 연산을 수행하는 퍼셉트론 코드를 작성하시오.

### 퍼셉트론의 학습

앞에서는 퍼셉트론을 이용해 간단한 분류 문제를 수행해 보았다. 퍼셉트론 신경망의 가중치 $W_{ij}$와 편향값 $b_i$를 어떻게 정하는지에 대한 논의는 생략하고, 주어진 값을 단순히 이용하는 순방향 퍼셉트론 신경망을 다뤘다. 여기서는 퍼셉트론의 학습에 대해 설명한다. 퍼셉트론은 인공지능 분야의 발전 초기에 널리 쓰인 용어이다.

퍼셉트론의 작동방식을 따르는 노드들이 복잡한 구조로 서로 연결된 것이 요즘의 인공신경망이다.

새로운 정보를 뇌가 학습하는 과정에서 신경세포 사이를 연결하는 시냅스의 강도 가 변한다는 것이 뇌과학 분야의 연구로 잘 알려져 있다[8]. 기계 학습 분야에서도 주어진 입력 데이터를 활용해 인공신경망의 가중치와 편향값을 적절히 부여하는 과 정이 있고, 이것이 바로 '학습'이다. 이처럼 인공신경회로망의 학습과정은 실제의 뇌의 학습과정과 닮았다. 인공신경회로망(artificial neural network)의 학습은 방법 에 따라 크게 둘로 나뉜다. 하나는 지도학습(supervised learning), 다른 하나는 비 지도학습(unsupervised learning)이라 불린다. 여기서는 퍼셉트론을 학습시키기 위 해 지도학습의 과정을 생각해 보자.

인공신경망의 지도학습을 위해서는 먼저, 개개의 입력 정보마다 출력되어야 하는 정답이 주어져 있어야 한다. 주어진 입력 정보를 처리해서 신경망이 최종 출력하는 정보와 정답을 정량적으로 비교하고, 이 둘의 차이를 줄여나가는 방향으로 신경망 가중치와 편향값을 변화시킨다.

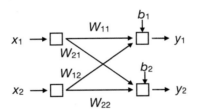

앞에서 등장했던 간단한 두 층으로 구성된 퍼셉트론 신경회로망을 보자. 입력 정 보가 담긴 입력 벡터 $\vec{x}$는 연결망의 가중치가 담긴 행렬 $W$에 곱해지고$(W \cdot \vec{x})$ 편 향값 벡터가 더해진 후 출력층에 벡터의 형태$(\vec{v} = W \cdot \vec{x} + \vec{b})$로 전달된다. 이 벡터 는 출력층에서 활성화 함수를 거쳐 최종 출력 벡터의 형태로 나타난다. 즉, $\vec{y} = \vec{\phi}(\vec{v}) = \vec{\phi}(W \cdot \vec{x} + \vec{b})$이다. 앞에서 얻은 식 $y_i = \phi(v_i) = \phi(\sum_j W_{ij}x_j + b_i)$를 벡 터와 행렬을 이용해 적었을 뿐, 정확히 같은 식이다. 정보가 입력층에서 출력층을 향하는 방향으로만 전달되므로 순방향 정보 전달이라 할 수 있다.

---

8) 이 현상을 발견한 과학자의 이름을 따서, 헵의 규칙(Hebb's rule)이라 부른다. 뇌과학 분야에서는 서로 함께 발화하는 신경세포 사이의 시냅스는 강하게 연결된다는 의미로 "fire together, wire together"라고 재밌게 헵의 규칙을 표현하기도 한다.

다음으로 퍼셉트론 신경회로망의 지도학습 과정을 자세히 살펴보자. 먼저, 주어진 입력 정보 $\vec{x}$에 해당하는 출력층의 정답 벡터를 $\vec{d}$라 부르자. 지도학습에서 학습 데이터로 주어지는 것은 이처럼 여러 개의 $(\vec{x},\ \vec{d})$ 쌍이다. 정답과 출력 정보의 차이를 오차$(\vec{e}=\vec{d}-\vec{y})$라고 하면, 이를 이용해 전체 오차함수 $E=\vec{e}\cdot\vec{e}=\sum_i e_i^2 = \sum_i (d_i-y_i)^2$을 적을 수 있다. 이 오차함수는 곡선 맞춤의 최소제곱법에도 등장했던 꼴이어서, 오차함수 $E$를 줄여가는 퍼셉트론의 학습은 앞에서 배운 경사하강법을 이용할 수 있다. 퍼셉트론 신경회로망의 오차함수는 $W$와 $\vec{b}$의 함수이므로, $E(W,\vec{b})$의 형태로 적을 수 있는데, $E$가 줄어드는 방향으로 $W$와 $\vec{b}$를 한 단계 한 단계 경사하강법을 이용해 변화시키면 된다. 즉, $W \Rightarrow W - \alpha \dfrac{\partial E}{\partial W}$, $\vec{b} \Rightarrow \vec{b} - \alpha \dfrac{\partial E}{\partial \vec{b}}$를 이용하면 된다.

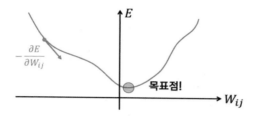

이 식에 등장하는 경사값(gradient)을 구하면 다음과 같다.

$$\frac{\partial E}{\partial W} = 2\vec{e}\cdot\frac{\partial \vec{e}}{\partial W} = -2\vec{e}\cdot\frac{\partial \vec{y}}{\partial W} = -2\vec{e}\cdot\vec{\phi'}(v)\frac{\partial \vec{v}}{\partial W},$$

$$\frac{\partial E}{\partial \vec{b}} = -2\vec{e}\cdot\frac{\partial \vec{y}}{\partial \vec{b}} = -2\vec{e}\cdot\vec{\phi'}(v)\frac{\partial \vec{v}}{\partial \vec{b}}$$

위의 식을 벡터와 행렬의 구성 성분별로 다시 적으면

$$\frac{\partial E}{\partial W_{ij}} = -2\sum_k e_k \phi'(v_k)\delta_{ki}x_j = -2e_i\phi'(v_i)x_j,$$

$$\frac{\partial E}{\partial b_i} = -2\sum_k e_k \frac{\partial y_k}{\partial b_i} = -2\sum_k e_k \phi'(v_k)\delta_{ki} = -2e_i\phi'(v_i)$$

를 얻는다. 지금까지의 계산에서 지도학습을 통해 경사하강법으로 오차함수 $E$를 줄이기 위해 $W_{ij}$와 $b_i$를 어떻게 변화시켜야 할지 알 수 있다. 즉, $W_{ij} \Rightarrow W_{ij} +$

$\alpha\, e_i \phi'(v_i) x_j$, $b_i \Rightarrow b_i + \alpha\, e_i \phi'(v_i)$를 이용하면 된다. 여기서 $\alpha$는 학습률(learning rate)이라 불리는 값으로서, 학습의 속도를 조정하는 조절변수이다.

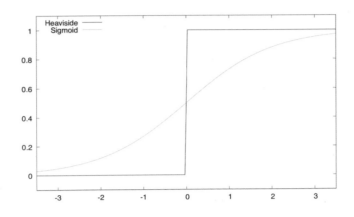

　　지금까지의 논의에서 주어진 정답과 퍼셉트론 신경회로망의 출력이 일치하는 방향으로 어떻게 가중치와 편향값을 조절해 나가야 하는지를 알 수 있었다. 얻어진 학습규칙을 보면, 활성화 함수 $\phi(v)$의 미분 $\phi'(v)$가 등장하는데, 만약 미분값이 0이라면 위에서 얻은 학습규칙을 따라서 신경회로망을 학습시키는 것이 불가능하다. 앞에서 계산의 편의상 사용했던 헤비사이드 계단함수가 바로 이런 경우이다. 0이 아닌 모든 $x$에 대해서 계단함수는 미분값이 0이기 때문이다. 학습이 가능한 퍼셉트론 신경회로망을 구축하기 위해 여러 활성화 함수를 이용할 수 있는데, 먼저 가장 널리 쓰이는 것 중 하나인 시그모이드 함수(sigmoid function) $\phi(v) = 1/(1 + e^{-v})$를 택해보자. 시그모이드 함수의 미분을 구해보면, 흥미로운 관계식을 얻을 수 있다. 즉, $\phi'(v) = \dfrac{-1}{(1 + e^{-v})^2} \cdot (-e^{-v}) = \dfrac{1}{1 + e^{-v}} \cdot \dfrac{e^{-v}}{1 + e^{-v}} = \phi(v) \cdot [1 - \phi(v)]$ 를 만족하고, 또 $y_i = \phi(v_i)$이므로, 활성화함수가 시그모이드 함수일 때의 학습 규칙은 다음과 같이 적을 수 있다.

$$\begin{cases} W_{ij} \Rightarrow W_{ij} + \alpha\, e_i y_i (1 - y_i) x_j \\ b_i \;\Rightarrow b_i + \alpha\, e_i y_i (1 - y_i) \end{cases}$$

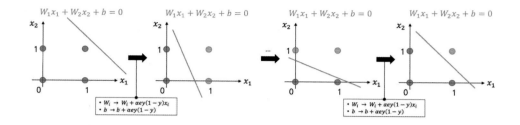

지금까지 설명한 내용을 바탕으로 앞에서 살펴본 AND 연산을 구현하는 퍼셉트론을 학습시키는 코드를 작성해보자. 출력층의 노드는 딱 하나만이 필요하므로, 위의 학습규칙을 더 간단히 적을 수 있다. 즉, $W_j \Rightarrow W_j + \alpha\,ey(1-y)x_j$, $b \Rightarrow b + \alpha\,ey(1-y)$이다. 학습에 이용할 수 있는 입력 벡터는 (1,1), (1,0), (0,1), (0,0)이며, 각각의 경우의 정답을 적으면, 1, 0, 0, 0이다. 코드를 시작할 때 가중치와 편향값은 적당한 범위의 마구잡이 값으로 하고, 위에서 얻은 학습규칙에 따라 학습률 $\alpha$를 이용해 가중치와 편향값을 조금씩 변화시킨다. 이 과정은 당연히 여러 번 반복해야 하는데, 반복 횟수를 기계학습 분야에서는 에포크 수(number of epoch)라고 부른다. 아래의 코드에서는 전체 에포크 수(Nep)를 1000으로 했으며, 학습률(alpha)은 0.5로 택했다. 코드의 결과로 에포크가 진행되면서 오차함수가 줄어드는 모습을 그래프로 그렸다.

```
import numpy as np, matplotlib.pyplot as plt

N = 4 # N = number of training data
Nep = 1000 # 반복하는 에포크 수
alpha = 0.5 # 학습률

def phi(x):
    return 1.0/(1.0 + np.exp(-x))

x_train = np.array( [[1,1], [1,0], [0,1], [0,0]] ) # 학습데이터 세트
d_train = np.array( [1, 0, 0 ,0]) # 학습을 위한 정답
e = np.zeros(4)
W = np.random.random( (1, 2)) # 마구잡이 가중치
b = np.random.rand()
xarr = []
yarr = []
for ep in range(Nep):
    for n in range(N):
```

```
        x = x_train[n]
        d = d_train[n]
        v = np.sum(W*x) + b
        y = phi(v)
        e = d - y
        W = W + alpha*e*y*(1-y)*x
        b = b + alpha*e*y*(1-y)
    if (ep % 10 == 0):
        xarr.append(ep)
        yarr.append(e*e)

for n in range(N):
    v = np.sum(W*x_train[n]) + b
    y = phi(v)
    print(x_train[n], d_train[n], y)

print(W, b)
plt.plot(xarr,yarr)
plt.xlabel("epoch numbers")
plt.ylabel("error")
plt.show()
```

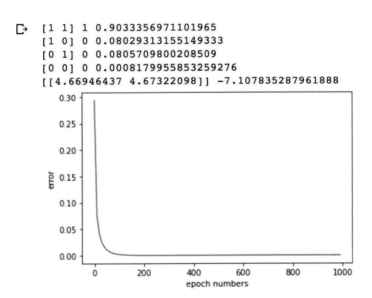

```
[1 1] 1 0.9033356971101965
[1 0] 0 0.08029313155149333
[0 1] 0 0.0805709800208509
[0 0] 0 0.0008179955853259276
[[4.66946437 4.67322098]] -7.107835287961888
```

**예제 3**

위 코드에서 얻어진 $W_1$, $W_2$, $b$를 이용하면 AND 연산이 올바로 구현되는 이유를 설명하시오.

**예제 4**

출력층의 노드를 한 개가 아닌 두 개로 해서 AND를 구현하는 퍼셉트론 신경회로망을 구현하려 한다. 입력 (1,1), (1,0), (0,1), (0,0)에 대해 출력층의 정답을 (1,0), (0,1), (0,1), (0,1)로 하는 신경회로망을 학습시키고 실행하는 코드를 작성하시오.

**예제 5**

논리합(OR)과 배타적 논리합(XOR)을 학습하는 퍼셉트론 신경회로망을 구현하려 한다. 출력 노드가 각각 1개와 2개인 코드를 각각 작성하시오(예제 4 참조). OR은 잘 구현되는데 반해 XOR은 제대로 구현되지 않는 이유를 설명하시오.

| $x_1$ | $x_2$ | $d$ |
|-------|-------|-----|
| 1 | 1 | 0 |
| 1 | 0 | 1 |
| 0 | 1 | 1 |
| 0 | 0 | 0 |

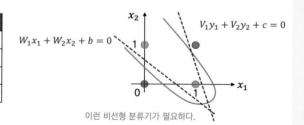

이런 비선형 분류기가 필요하다.

위의 예제에서 살펴본 바와 같이, 그리고 앞에서 설명한 바와 같이 배타적 논리합(XOR)은 단순히 입력층과 출력층이 있는 퍼셉트론 신경회로망으로는 구현할 수가 없다. 사실, XOR문제가 인공지능 분야의 발전을 오랫동안 가로막았던 문제이다. 결국, XOR문제를 해결한 것은 인공신경회로망에 은닉층(hidden layer)을 입력층과 출력층 사이에 두는 방법이었다. 입력층과 출력층만으로 구성된 퍼셉트론 신경망을 단층 신경망(single-layer neural network)이라 부른다. 둘 사이에 은닉층을 두는 경우는 다층 신경망(multi-layer neural network)이라 하는데, 요즘의 심층 신경망(deep neural network)은 많은 수의 은닉층을 이용한다.

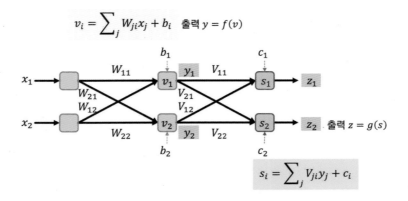

다음에는 은닉층이 있는 경우 인공신경회로망을 어떻게 학습시킬 수 있는지 살펴보자. 입력층 노드의 정보 $x_i$는 입력층과 은닉층을 연결하는 가중치 행렬 $W$를 거쳐서 은닉층에 전달되어 $v_i = \sum W_{ij} x_j + b_i$가 되고 이는 은닉층의 활성화 함수 $f$를 통해 $y_i = f(v_i)$로 변환되어 출력층에 전달된다. 은닉층과 출력층을 연결하는 가중치 행렬을 $V$, 출력층의 편향값을 $c_i$ 그리고 출력층의 활성화 함수를 $g$라 하자. 최종적으로 출력되는 출력층 노드의 출력값은 $z_i = g(s_i)$이며, 여기서 $s_i = \sum V_{ij} y_j + c_j$이다. 그림은 순방향으로 정보가 입력층에서 은닉층을 거쳐 출력층으로 전달되는 것을 보여준다.

은닉층이 있는 경우에 각각의 가중치 행렬 $W$, $V$와 편향값 벡터 $\vec{b}$, $\vec{c}$를 학습하는 것은 은닉층이 없는 단순한 신경망과 수학적으로는 거의 동일하다. 오차함수는 정답 벡터 $\vec{d}$와 최종 출력 벡터 $\vec{z}$를 이용해 $E = \sum_i (d_i - z_i)^2$으로 정의할 수 있다. 일반적인 변수 $\theta$에 대해 $\frac{\partial E}{\partial \theta} \propto - \sum_k e_k \frac{\partial z_k}{\partial \theta} = - \sum_k e_k g'(s_k) \frac{\partial s_k}{\partial \theta}$이다.

먼저 $\theta = V_{ij}$로 하면,

$$\frac{\partial E}{\partial V_{ij}} \propto -\sum_k e_k g'(s_k)\frac{\partial s_k}{\partial V_{ij}} = -\sum_k e_k g'(s_k)\delta_{ki}y_j = -e_i g'(s_i)y_j$$

를 얻는다. 또한, $\theta = c_i$로 하면, $\frac{\partial E}{\partial c_i} \propto -e_i g'(s_i)$를 얻는다.

한편 $\theta = W_{ij}$인 경우는 계산이 좀 더 복잡해진다. 정리하면 다음과 같다.

$$\frac{\partial E}{\partial W_{ij}} \propto -\sum_k e_k g'(s_k)\frac{\partial s_k}{\partial W_{ij}}, \quad \frac{\partial s_k}{\partial W_{ij}} = \sum_l \frac{\partial s_k}{\partial y_l}\frac{\partial y_l}{\partial W_{ij}}, \quad \frac{\partial s_k}{\partial y_l} = V_{kl},$$

$$\frac{\partial y_l}{\partial W_{ij}} = f'(v_l)\frac{\partial v_l}{\partial W_{ij}} = f'(v_l)x_j\delta_{li}.$$

따라서 $\frac{\partial E}{\partial W_{ij}} \propto -\sum_k e_k g'(s_k)\sum_l V_{kl}f'(v_l)x_j\delta_{li} = -\sum_k e_k g'(s_k)V_{ki}f'(v_i)x_j$를 얻는다.
마찬가지 계산을 $b_i$에 대해 진행하면 다음과 같다.

$$\frac{\partial E}{\partial b_i} \propto -\sum_k e_k g'(s_k)\frac{\partial s_k}{\partial b_i}, \quad \frac{\partial s_k}{\partial b_i} = \sum_l \frac{\partial s_k}{\partial y_l}\frac{\partial y_l}{\partial b_i}, \quad \frac{\partial y_l}{\partial b_i} = f'(v_l)\frac{\partial v_l}{\partial b_i} = f'(v_l)\delta_{li}$$

따라서 $\frac{\partial E}{\partial b_i} \propto -\sum_k e_k g'(s_k)\sum_l V_{kl}f'(v_l)\delta_{li} = -\sum_k e_k g'(s_k)V_{ki}f'(v_i)$를 얻는다.
지금까지의 계산에서 여러 번 등장한 $e_i g'(s_i)$를 새로운 변수 $\delta_i \equiv e_i g'(s_i)$로 정의하면, 좀 더 간단한 형태로 적을 수 있다.

$$V_{ij} \Rightarrow V_{ij} + \alpha\,\delta_i y_j$$
$$c_i \Rightarrow c_i + \alpha\delta_i$$
$$W_{ij} \Rightarrow W_{ij} + \alpha\sum_k \delta_k V_{ki}f'(v_i)x_j$$
$$b_i \Rightarrow b_i + \alpha\sum_k \delta_k V_{ki}f'(v_i)$$

세 번째와 네 번째 식의 $\sum\delta_k V_{ki}$는 행렬 $V$의 전치행렬인 $V^T$를 이용하면 $(V^T\vec{\delta})_i$로 적을 수 있고, 변수 $\epsilon_i \equiv (V^T\vec{\delta})_i f'(v_i)$를 새로 정의하면, 최종적으로 아래의 학습규칙을 얻게 된다.

$$V_{ij} \Rightarrow V_{ij} + \alpha\,\delta_i y_j$$
$$c_i \Rightarrow c_i + \alpha\delta_i$$

$$W_{ij} \Rightarrow W_{ij} + \alpha \epsilon_i x_j$$

$$b_i \Rightarrow b_i + \alpha \epsilon_i$$

단, $\delta_i \equiv e_i g'(s_i)$, $\epsilon_i = (V^T \vec{\delta})_i f'(v_i)$이다.

자, 이제 위를 이용해서 **XOR**을 하나의 은닉층을 이용해 구현해 보자. 은닉층과 출력층 모두 활성화 함수로 시그모이드 함수를 이용하면, $\delta_i = e_i g'(s_i) = e_i z_i (1 - z_i)$, $\epsilon_i = (V^T \vec{\delta})_i y_i (1 - y_i)$가 된다. 아래 코드에서는 은닉층 노드의 수를 두 개, 출력층 노드의 수를 한 개로 했다.

| $x_1$ | $x_2$ | $d$ |
|:---:|:---:|:---:|
| 1 | 1 | 0 |
| 1 | 0 | 1 |
| 0 | 1 | 1 |
| 0 | 0 | 0 |

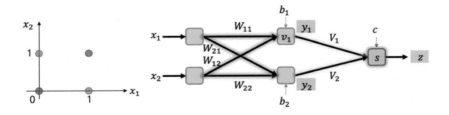

```
import numpy as np, matplotlib.pyplot as plt

N = 4 # 학습데이터 수
Nep = 4000 # 반복하는 에포크 수
alpha = 0.5 # 학습률

def phi(x):
    return 1.0/(1.0 + np.exp(-x))

x_train = np.array( [[1,1], [1,0], [0,1], [0,0]] ) # 학습데이터 세트
d_train = np.array( [0, 1, 1 ,0] ) # 학습을 위한 정답

W = np.random.random( (2, 2) ) # 마구잡이 가중치
b = np.random.random( (2, 1) )

V = np.random.random( (1, 2) ) # 마구잡이 가중치
```

```
c = np.random.rand()

xarr = []; yarr = []

for ep in range(Nep):
    sume = 0
    for n in range(N):
        x = np.reshape(x_train[n], (2,1))
        d = d_train[n]

        v = W@x + b; y = phi(v)
        s = V@y + c; z = phi(s)
        e = d - z
        sume += np.ndarray.item(e*e)

        delta = z*(1-z)*e
        e1 = V.T @ delta
        epsil = y*(1-y)*e1

        V += alpha*delta*y.T; c += alpha*delta
        W += alpha*epsil*x.T; b += alpha*epsil

    if (ep % 10 == 0):
        xarr.append(ep); yarr.append(sume)

for n in range(N):
    x = np.reshape(x_train[n], (2,1))
    d = d_train[n]
    v = W@x + b; y = phi(v)
    s = V@y + c; z = phi(s)
    print(n, x_train[n], d_train[n], z)
plt.plot(xarr,yarr)
plt.xlabel("epoch numbers")
plt.ylabel("error")
plt.show()
```

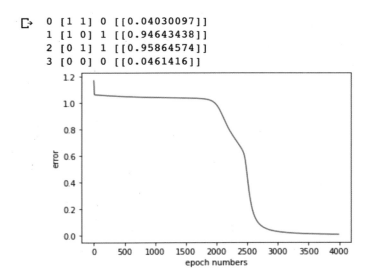

```
0 [1 1] 0 [[0.04030097]]
1 [1 0] 1 [[0.94643438]]
2 [0 1] 1 [[0.95864574]]
3 [0 0] 0 [[0.0461416]]
```

과제 4

출력층의 활성화 함수로 항등함수 $g(x) = x$를 이용하도록 위의 코드를 수정해 XOR을 구현하려 시도해 보시오.

과제 5

출력층 노드의 수를 2개로 해서 본문의 코드를 수정하여 XOR을 구현하시오.

# 인공신경망을 이용한 숫자 인식

## 인공신경망을 이용한 숫자 인식

기계학습 분야에서 표준적으로 널리 쓰이는 공개 데이터가 있다. MNIST 데이터라고 불린다. 이번 장에서는 앞 장에서 배운 은닉층이 있는 인공신경망의 학습을 이용해 MNIST 숫자 데이터를 자동으로 인식하는 코드를 작성해 보려 한다. 원래의 MNIST 데이터에는 많은 수의 손글씨 숫자 이미지가 들어 있는데, 이를 적절히 줄인 데이터를 이용하자. 먼저 교재 홈페이지 https://sites.google.com/view/compphys 에서 mnist_training.npy, mninst_valid.npy, mnist_test.npy 세 개의 파일을 다운받자. 3장에서 소개한 urllib 방법과 링크를 이용할 수도 있다.[9] 파일의 이름을 보면 알 수 있듯이, MNIST 데이터를 학습(training), 검증(validation) 그리고 시험(test)의 세트로 나눴다. 학습 데이터를 이용해 신경망을 학습시키고, 다음에는 학습이 얼마나 잘 이루어졌는지를 검증 데이터를 이용해 살펴본다. 적절한 검증을 거쳐 학습 과정이 완료되면, 마지막에는 시험 데이터를 이용하여 학습시킨 인공신경망이 출력하는 예상 답과 실제의 정답을 비교하는 코드를 작성해 보려 한다.

---

9) https://dl.dropbox.com/s/tycu9ze3638yvsg/mnist_training.npy (또는 https://url.kr/29gdcq)
  https://dl.dropbox.com/s/5fda0o162giyt4d/mnist_valid.npy (또는 https://url.kr/i32y65)
  https://dl.dropbox.com/s/vquauaa7ry09r1h/mnist_test.npy (또는 https://url.kr/xg6hes)

152    Part IV   전산물리 응용

내려받은 파일의 확장자 npy는 numpy에서 배열을 파일로 저장하는 기본형식이다. 예를 들어 아래의 코드를 실행해보자.

```
import numpy as np, matplotlib.pyplot as plt
arr = np.array( [[1, 2, 3], [4, 5, 6]] )
print(arr)
np.save('test', arr)
```

```
[[1 2 3]
 [4 5 6]]
```

numpy는 자동으로 확장자를 붙여서 파일 test.npy를 만든다. Jupyter나 Google Colab의 작업 디렉토리를 살펴보면 새로 만들어진 파일 test.npy를 볼 수 있다. 위의 코드에 이어 아래의 코드를 실행하면 저장한 파일의 배열을 다른 이름으로 불러올 수 있다.

```
arr2 = np.load('test.npy')
print(arr2)
print(np.shape(arr2)) #화면에 (2,3)이 출력된다.
```

```
[[1 2 3]
 [4 5 6]]
(2, 3)
```

마지막 줄에 출력된 정보 (2,3)은 배열 arr2가 어떤 꼴(shape)인지를 알려준다. 즉, arr2는 두 개의 행과, 세 개의 열로 구성되어 있다는 뜻이다.

이제 앞에서 내려받은 세 개의 MNIST 데이터 파일 각각이 어떤 꼴인지를 출력해보자.

```
import numpy as np, matplotlib.pyplot as plt
training = np.load('mnist_training.npy')
valid = np.load('mnist_valid.npy')
test = np.load('mnist_test.npy')
print(np.shape(training))
print(np.shape(valid))
print(np.shape(test))
```

```
(30000, 785)
(5000, 785)
(10000, 785)
```

출력된 정보로부터, 각각의 배열에는 30000, 5000 그리고 10000개의 손글씨 데이터가 있음을 알 수 있다. 예를 들어 학습용 데이터가 들어있는 mnist_test.npy에 담겨있는 첫 번째 정보가 무엇인지를 아래를 이용해 간단히 알아보자.

```
sample = training[0]
print(np.shape(sample))
print(sample)
```

```
(785,)
[  5.   0.   0.   0.   0.   0.   0.   0.   0.   0.   0.   0.   0.   0.
   0.   0.   0.   0.   0.   0.   0.   0.   0.   0.   0.   0.   0.   0.
   0.   0.   0.   0.   0.   0.   0.   0.   0.   0.   0.   0.   0.   0.
   0.   0.   0.   0.   0.   0.   0.   0.   0.   0.   0.   0.   0.   0.
   0.   0.   0.   0.   0.   0.   0.   0.   0.   0.   0.   0.   0.   0.
   0.   0.   0.   0.   0.   0.   0.   0.   0.   0.   0.   0.   0.   0.
   0.   0.   0.   0.   0.   0.   0.   0.   0.   0.   0.   0.   0.   0.
   0.   0.   0.   0.   0.   0.   0.   0.   0.   0.   0.   0.   0.   0.
   0.   0.   0.   0.   0.   0.   0.   0.   0.   0.   0.   0.   0.   0.
   0.   0.   0.   0.   0.   0.   0.   0.   0.   0.   0.   0.   0.   3.
  18.  18.  18. 126. 136. 175.  26. 166. 255. 247. 127.   0.   0.   0.
   0.   0.   0.   0.   0.   0.  30.  36.  94. 154. 170.
 253. 253. 253. 253. 253. 225. 172. 253. 242. 195.  64.   0.   0.   0.
   0.   0.   0.   0.  49. 238. 253. 253. 253. 253.
 253. 253. 253. 253. 251.  93.  82.  82.  56.  39.   0.   0.   0.   0.
   0.   0.   0.  18. 219. 253. 253. 253. 253.
 253. 198. 182. 247. 241.   0.   0.   0.   0.   0.   0.  80. 156. 107. 253. 253.
 205.  11.   0.  43. 154.   0.   0.   0.   0.   0.   0.   0.  14.   1. 154. 253.
  90.   0.   0.   0.   0.   0.   0.   0.   0.   0.   0.   0.   0. 139. 253.
 190.   2.   0.   0.   0.   0.   0.   0.   0.   0.   0.   0.  11. 190.
 253.  70.   0.   0.   0.   0.   0.   0.   0.   0.   0.   0.   0.  35.
 241. 225. 160. 108.   1.   0.   0.   0.   0.   0.   0.   0.   0.   0.
  81. 240. 253. 253. 119.  25.   0.   0.   0.   0.   0.   0.   0.   0.
   0.  45. 186. 253. 253. 150.  27.   0.   0.   0.   0.   0.   0.   0.
   0.   0.  16.  93. 252. 253. 187.   0.   0.   0.   0.   0.   0.   0.
   0.   0.   0.   0. 249. 253. 249.  64.   0.   0.   0.   0.   0.   0.
   0.  46. 130. 183. 253. 253. 207.   2.   0.   0.   0.   0.   0.   0.
   0.   0.   0.   0.   0.   0.   0.   0.   0.   0.   0.   0.   0.  39.
 148. 229. 253. 253. 253. 250. 182.   0.   0.   0.   0.   0.   0.   0.
   0.   0.   0.   0.   0.   0.   0.   0.   0.   0.  24. 114. 221.
 253. 253. 253. 253. 201.  78.   0.   0.   0.   0.   0.   0.   0.   0.
   0.   0.   0.   0.   0.  23.  66. 213. 253. 253.
 253. 253. 198.  81.   2.   0.   0.   0.   0.   0.   0.   0.   0.   0.
   0.   0.   0.   0.  18. 171. 219. 253. 253. 253. 253.
 195.  80.   9.   0.   0.   0.   0.   0.   0.   0.   0.   0.   0.   0.
   0.   0.   0.   0.  55. 172. 226. 253. 253. 253. 253. 244. 133.
  11.   0.   0.   0.   0.   0.   0.   0.   0.   0.   0.   0.   0.   0.
   0.   0.   0.   0. 136. 253. 253. 253. 212. 135. 132.  16.   0.
   0.   0.   0.   0.   0.   0.   0.   0.   0.   0.   0.   0.   0.   0.
   0.   0.   0.   0.   0.   0.   0.   0.   0.   0.   0.   0.   0.   0.
   0.   0.   0.   0.   0.   0.   0.   0.   0.   0.   0.   0.   0.   0.
   0.   0.   0.   0.   0.   0.   0.   0.   0.   0.   0.   0.   0.   0.
   0.]
```

785개의 숫자가 들어 있음을 알 수 있고, 첫 번째 숫자 '5'는 이 손글씨 데이터가 바로 숫자 5라는 것을 의미한다. 기계학습 분야에서는 이 정보를 라벨(label)이라고 보통 부른다. 785에서 정답 정보인 첫 번째 숫자 '5'를 제외하면 784인데, 784는 다름 아닌 28의 제곱이다. 즉 training에 들어있는 3만 개의 행에는 각각 손글씨 숫자가 무엇인지에 대한 정답정보와 함께 28×28의 형태를 가진 손글씨 이미지가 들어 있다. 이미지의 화소에 해당하는 숫자를 보면 0에서 255 사이의 값을 가지는 것을 알 수 있다. 아래에 소개한 코드를 위의 코드에 덧붙여서 숫자 이미지의 라벨을 얻고, 숫자를 그림으로 그려보자. 각 화소의 값을 0부터 1 사이의 실수로 바꾸었으며, 1차원 배열로 기록된 sample을 imshow()를 이용하여 2차원으로 그리기 위해 reshape을 이용하였다.

```
label = sample[0]
print(label)
image = sample[1:].reshape([28,28])/256.
plt.imshow(image)
```

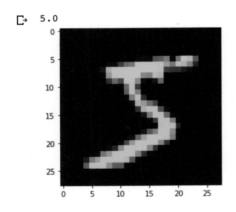

sample[1:]을 이용해 배열의 첫 숫자이며 라벨이 담긴 sample[0]을 무시한 784개의 화소 정보가 담긴 배열을 가져와서, 이 배열을 28×28 형태의 0에서 1 사이 실숫값이 담긴 2차원 배열로 바꿨다. pyplot에 들어있는 imshow()를 이용해서 2차원 배열을 이미지로 그려보았다. 출력된 그림을 보면 손글씨 '5'와 비슷해 보이며, sample[0]에 담긴 숫자 5가 바로 이 손글씨 이미지에 부여된 정답 정보 라벨이다.

내려받은 데이터의 의미를 이해했다면, 이제 본격적으로 숫자 인식 코드를 작성해보자. 앞 장에서 다룬 것과 같이 은닉층이 하나 있는 신경망 구조를 생각하자. 앞 장과 마찬가지로, 입력층($x_i$)과 은닉층($y_i = f(v_i)$)을 연결하는 가중치 행렬을 $W$, 은닉층과 출력층($z_i = g(s_i)$)을 연결하는 가중치 행렬을 $V$로 적고, 은닉층 노드의 편향값과 출력층 노드의 편향값을 각각 $b_i$, $c_i$로 표기했다. 또한 앞 장과 마찬가지로 은닉층의 활성화 함수는 $f(v)$, 출력층의 활성화 함수는 $g(s)$로 표기하자. 앞 장에서는 신경망의 출력값 $z_i$와 학습 데이터에 포함된 정답 $d_i$가 얼마나 다른지를 나타내는 오차함수 $E = \sum_i (z_i - d_i)^2$을 비용함수(cost function)로 이용해 학습시켰다. 이번 장에서는 기계학습 분야에서 널리 쓰이는 또다른 비용함수인 크로스 엔트로피를 소개하고 이를 이용하려 한다.

## 크로스 엔트로피

정보과학에서 널리 이용되는 섀넌의 엔트로피(Shannon entropy) 표현은 $H(p) = -\sum_x p(x)\ln p(x)$이다. 이는 가능한 모든 결과 $x$에 대하여 확률분포 $p(x)$가 주어져 있는 경우, 일종의 '놀라움'의 정도를 의미한다. 우리는 확률이 작은 일이 발생했을 때 더 놀라워 한다. 확률이 1인 사건은 항상 일어난다는 뜻이니 그 일이 일어난다고 해도 하나도 놀라울 것이 없다. 따라서 정보의 양도 적다고 할 수 있다. 이렇게 생각하면 놀라움은 확률에 대한 감소함수가 되어야 한다. 섀넌은 $\ln(1/p(x))$를 이용하자고 제안했다. 모든 가능한 사건에 대해 평균 놀라움을 계산하면 $< \ln(1/p(x)) > = -\sum_x p(x)\ln p(x)$가 된다. 바로 섀넌의 엔트로피다.

비슷한 아이디어로 정의한 것이 크로스 엔트로피(cross entropy)다. 두 확률분포 $p(x)$, $q(x)$가 주어져있을 때, 확률분포 $q(x)$에 대한 놀라움의 평균을 계산하기 위하여 $p(x)$를 이용하자는 아이디어다. 즉 이때 크로스 엔트로피는 $H(p, q) = \langle \ln q(x) \rangle_{p(x)} = -\sum_x p(x)\ln q(x)$로 정의된다. 이를 다음과 같이 다른 식으로 적을 수도 있다.

$$H(p, q) = -\sum_x p(x)\ln p(x) - \sum_x p(x)\ln \frac{q(x)}{p(x)} = H(p) + D_{KL}(p\|q).$$

위 식에서 두 번째 항은 Kullback-Leibler divergence($D_{KL}$)라고 불리는 양이다. 만약 $p(x) = q(x)$면 $D_{KL}(p\|q) = 0$이 된다. $D_{KL}(p\|q)$는 $p(x)$와 $q(x)$가 얼마나 다른 지를 측정하는 양이라 할 수 있다. 기계학습에서는 주어진 정답에 해당하는 확

률분포 $p(x)$와 가능한 가까운 출력의 확률분포 $q(x)$를 구하게 되므로, $D_{KL}(p\|q)$ 또는 $H(p,q)$의 값이 최소가 되는 $q(x)$를 구하면 된다[10]. 아래에서는 앞 장에 등장한 비용함수(cost function)로 $E = H(p,q)$를 택하려 한다.

먼저 출력 노드가 딱 하나이며 정답 라벨 $d$가 0 또는 1의 두 값만을 가지는 간단한 예를 통해 크로스 엔트로피를 계산해보자. 최종 정답이 올바로 출력된다는 의미는, $d = 1$일 때는 $p(d=1) = 1$, $p(d=0) = 0$이고, $d = 0$일 때는 $p(d=1) = 0$, $p(d=0) = 1$이 된다. 두 조건을 함께 하나로 적으면, 올바른 정답에 해당하는 확률분포는 $p(d=1) = d$, $p(d=0) = 1-d$로 적을 수 있다. 한편, 인공신경망이 출력하는 $z$를 생각하면, 그에 해당하는 확률분포 $q$는 $q(z=1) = z$, $q(z=0) = 1-z$을 만족한다. 위의 식에서 정답과 출력의 확률분포 $p$, $q$에 대하여 크로스 엔트로피를 적으면,

$$H(p,q) = -\sum_{i=0,1} p(i)\ln q(i) = -p(0)\ln q(0) - p(1)\ln q(1)$$
$$= -(1-d)\ln(1-z) - d\ln z$$

이다. 이 식을 출력 노드가 하나가 아닌 여럿인 경우로 일반화하면 크로스 엔트로피는 $H(p,q) = -\sum_i [d_i \ln z_i + (1-d_i)\ln(1-z_i)]$가 된다. 바로 이 식을 비용함수로 이용하자. 즉 $E = -\sum_i [d_i \ln z_i + (1-d_i)\ln(1-z_i)]$이다.

다음에는 앞 장에서 차근차근 설명한 경사하강법을 크로스 엔트로피를 비용함수로 해서 다시 적용해 인공신경망의 학습규칙(learning rule)을 유도할 수 있다. 주어진 정답에 대해 $E$는 $z_i$만의 함수이므로, 먼저 편미분을 계산해 $\frac{\partial E}{\partial z_k} = -\frac{d_k}{z_k} - (1-d_k)\frac{-1}{1-z_k} = -\frac{d_k - z_k}{z_k(1-z_k)}$를 얻는다. 이 식을 이용해 일반적인 변수 $\theta$에 대해 얻을 수 있는 비용함수의 편미분은 다음과 같다.

$$\frac{\partial E}{\partial \theta} = \sum_k \frac{\partial E}{\partial z_k}\frac{\partial z_k}{\partial \theta} = -\sum_k \frac{d_k - z_k}{z_k(1-z_k)}\frac{\partial z_k}{\partial \theta} = -\sum_k \frac{e_k}{z_k(1-z_k)}\frac{\partial z_k}{\partial \theta}$$

이 식을 앞 장에서 오차의 제곱합을 비용함수로 해서 얻었던 식 $\frac{\partial E}{\partial \theta} \propto -\sum_k e_k \frac{\partial z_k}{\partial \theta}$과 비교하면, 앞장의 $e_k$대신에 $\frac{e_k}{z_k(1-z_k)}$로 바꿔 적으면 된다는 것을

---

10) $D_{KL}(p\|q) \geq 0$임은 쉽게 증명할 수 있다(위키피디아의 Gibb's inequality 항목을 참고할 것). 따라서 크로스 엔트로피는 $H(p,q) \geq H(p)$를 만족하고 등호는 $q(x) = p(x)$일 때 성립한다.

알 수 있다. 이후의 계산과정은 앞 장과 정확히 같아서, 결국 다음과 같은 학습규칙을 얻게 된다.

$$V_{ij} \Rightarrow V_{ij} + \alpha\, \delta_i y_j$$
$$c_i \Rightarrow c_i + \alpha \delta_i$$
$$W_{ij} \Rightarrow W_{ij} + \alpha \epsilon_i x_j$$
$$b_i \Rightarrow b_i + \alpha \epsilon_i$$

단, $\delta_i = \dfrac{e_i}{z_i(1-z_i)} g'(s_i)$, $\epsilon_i = (V^T\vec{\delta})_i f'(v_i)$ 이며 $v_i = \sum_j W_{ij}x_i + b_i$, $s_i = \sum_j V_{ij}y_j + c_i$ 이다. 여기서 은닉층과 출력층의 활성화 함수는 각각 $f(v)$와 $g(s)$이다.

지금까지의 논의에서 중요한 것이 있다. 출력층 노드의 출력값인 $z_i$는 0과 1 사이의 실수여야 한다. 만약, 이 범위를 벗어나게 되면, 앞에서 얻은 크로스 엔트로피의 표현식 $E = -\sum_i [d_i \ln z_i + (1-d_i)\ln(1-z_i)]$의 항들이 계산이 불가능하게 되기 때문이다. 더 근본적으로는 이 식을 유도할 때 이미 $z_i$가 확률의 의미도 가지고 있기 때문이다. 출력값의 범위에 대한 제한으로 인해, 크로스 엔트로피를 비용함수로 이용하려면 활성화 함수에 제한이 있다. 예를 들어 항등함수 $g(s) = s$를 활성화 함수로 택하면, 출력값의 범위가 0과 1 사이라는 조건에 위배되는 출력값이 나올 수도 있다. 앞 장에서 이미 이용한 시그모이드 함수 $g(s) = \dfrac{1}{1+e^{-s}}$를 사용하면 출력값은 항상 0과 1 사이만이 가능하다. 따라서 크로스 엔트로피를 비용함수로 이용하는데 아무런 문제가 없다.

시그모이드 함수를 이용하는 장점은 더 있다. 크로스 엔트로피를 비용함수로 해서 얻은 위의 학습규칙을 시그모이드 함수를 출력층의 활성화 함수로 해서 적으면 간단한 형태가 되기 때문이다. 즉 $g'(s) = g(s)[1-g(s)]$와 $g(s) = z$를 이용하면, 위의 학습규칙에 등장한 $\delta_i$의 표현식이  $\delta_i = \dfrac{e_i}{z_i(1-z_i)} g'(s_i) = e_i$가 된다.

시그모이드 함수가 아닌 소프트맥스(softmax)라 불리는 활성화 함수도 널리 쓰인다. 소프트맥스 함수의 표현식은

$$g(s_i) = \frac{e^{s_i}}{\sum_j e^{s_j}}$$

이어서, 당연히 $g(s_i)$의 값은 0과 1 사이일 수 밖에 없다. 시그모이드 함수의 경우에는 $g(s_i)$가 딱 하나의 $s_i$의 값에 의해서만 결정되는데 비하여, 소프트맥스 함수의 경우에는 $g(s_i)$가 모든 $s_j$의 값에도 의존하게 된다. 소프트맥스 함수의 미분을 생각하면 다음과 같다.

$$g'(s_i) = \frac{e^{s_i}\sum_j e^{s_j} - e^{s_i}e^{s_i}}{(\sum_j e^{s_j})^2} = g(s_i) - g(s_i)^2 = g(s_i)[1 - g(s_i)] = z_i(1 - z_i)$$

흥미롭게도 이 식은 앞에서 생각한 시그모이드 함수의 미분 표현식과 정확히 같아서, 마찬가지로 $\delta_i = \frac{e_i}{z_i(1 - z_i)}g'(s_i) = e_i$를 얻게 된다. 아래에서는 출력층의 활성화 함수로 소프트맥스를 이용하려 한다.

은닉층의 활성화 함수 $f(v)$로 어떤 것을 이용하는 것이 효율적인지는 기계학습 분야에서 여전히 활발하게 논의되고 있는 주제다. 심층 신경망의 경우에는 역전파 (back propagation) 학습 과정이 출력층에서 입력층을 향하는 방향으로 진행되다 보면, 활성화 함수의 미분이 계속 곱해지는 형태가 되는데, 이런 경우 시그모이드 함수를 이용하면 학습의 효율이 극도로 나빠지게 된다. 시그모이드 함수의 미분값이 $x$가 커지면 급격히 0으로 줄어들기 때문이다.

이를 해결하고자 하는 과정에서 제안된 간단한 활성화 함수가 있다. ReLU(rectified linear unit)라고 불린다. 이 함수는 $v < 0$일 때는 $f(v) = 0$을, $v \geq 0$일 때는 $f(v) = v$이다. 활성화 함수의 이름 ReLU에서 'Re'는 전자 소자인 다이오드가 한쪽 방향의 전류만 흐르게 하는 것을 '정류(rectification)'라고 하는 것을 생각하면 자연스럽고, 뒤에 붙은 'LU'는 0보다 크거나 같은 값에서는 선형(linear) 출력을 하는 유닛(unit)이라는 뜻이다. 파이썬에서 ReLU(x)는 쉽게 구현할 수 있다. numpy에 들어있는 함수 maximum(x,y)가 x와 y 중 큰 값을 돌려주는 함수이므로 ReLU(v)는 np.maximum(0,v)를 이용하면 된다. 위에서 얻은 학습규칙을 보면 $\epsilon_i = (V^T\vec{\delta})_i f'(v_i)$를 계산할 때 활성화 함수의 미분 표현이 등장하게 되는데, $f(v) = \text{ReLU}(v)$의 미분은 $v < 0$일 때는 $f'(v) = 0$, $v \geq 0$일 때는 $f'(v) = 1$이므로, 앞 장에서도 등장했던 다름 아닌 헤비사이드 계단함수 $\Theta(v)$가 된다.

이번 장의 주제인 MNIST 숫자 인식에서는 은닉층의 활성화 함수로 ReLU를 이용하려 한다. ReLU는 0보다 큰 모든 $v$값에 대하여 미분값이 1이 되므로, 시그모이드 함수의 결합인, 0으로 수렴하는 미분값에 기인한 학습효율 저하 문제가 없다. ReLU와 시그모이드의 차이는 많은 수의 은닉층이 있는 심층 신경망(deep neural network)에서 특히 중요하며, 현재 기계학습을 심층 신경망으로 구현하는 현실의 여러 응용에서는 시그모이드를 활성화 함수로 이용하지 않는다.

## MNIST 숫자 인식 코드

이제 코드를 작성해 보자. 코드의 길이가 짧지 않아, 아래에서는 코드를 가능한 자세히 설명하고자, 코드를 적고 곧이어 이에 대한 설명을 함께 이어서 적어보았다. Jupyter 노트북 혹은 Google Colab에 코드 부분만을 차례로 입력하면 코드가 완성된다.

```
import numpy as np, matplotlib.pyplot as plt

training = np.load("mnist_training.npy")
valid = np.load("mnist_valid.npy")
test = np.load("mnist_test.npy")
```

학습, 검증 그리고 시험의 용도로 이용할 MNIST 데이터를 각각 training, valid, 그리고 test라는 이름의 배열로 불러온다.

```
N = np.shape(training)[0] # 학습용 데이터 수
Nvalid = np.shape(valid)[0] # 검증용 데이터 수
Ntest = np.shape(test)[0] # 시험용 데이터 수
```

학습용 데이터인 training의 꼴을 numpy의 shape을 이용해 배열로 얻는다. 그 결과를 print(np.shape(training))을 이용해 살펴보면 (30000, 785)가 되는데, 이 중 첫 번째 숫자인 30000이 바로 학습용 이미지 데이터의 개수 N이다. 마찬가지로 Nvalid와 Ntest는 각각 검증용 데이터와 시험용 데이터의 개수이다.

```
Ni = 784 # 입력층 노드의 수
No = 10 # 출력층 노드의 수
Nh = 100 # 은닉층 노드의 수
```

각각의 이미지 데이터는 모두 28×28 = 784개의 화소 정보를 가지고 있다. 각각의 화소의 값을 입력층의 각 입력노드에 배정하게 되므로 입력층 입력노드의 개수는 $N_i$ = 784이다. 출력층에서 얻어지는 정보는 0, 1, 2, ..., 9의 모두 10개의 값이 되므로, 출력층 노드의 개수는 $N_o$ = 10이다. 만약, 라벨이 $i$인 이미지라면 $d_i = 1$, 그리고 $j \neq i$인 모든 노드에는 $d_j = 0$을 정답 정보로 생각할 수 있다. 즉, 출력층 노드의 값들이 (1, 0, 0, $\cdots$, 0)인 경우에는 숫자 '0'을, (0, 1, 0, 0, $\cdots$, 0)의 경우에는 숫자 '1'을 의미하는 식으로 하려 한다. 은닉층에는 $N_h$ = 100개의 노드를 이용한다.

```
alpha = 1.0 # 학습률
Nep = 200 # 에포크 수
```

학습규칙에 등장한 학습률로 alpha = 1을 이용한다. 또, 앞장에서 등장했던 얼마나 여러번 학습을 시키는지를 의미하는 에포크의 수로 $N_{ep}$ = 200을 택했다.

```
def ReLU(x):
    return (np.maximum(0,x))

def SOFTMAX(x):
    dummy = np.exp(x)
    return (dummy/np.sum(dummy, axis = 0))

def theta(x):
    return(np.heaviside(x,1.0))

def E(d,z):
    return(-np.sum(d*np.log(z) + (1.0-d)*np.log(1.0-z)))
```

학습에 이용할 활성화 함수인 ReLU와 SOFTMAX를 정의한 부분이다. 앞에서 이야기 했듯이 학습에 필요한 활성화 함수로, 은닉층에는 ReLU를, 그리고 출력층에는 SOFTMAX를 이용할 계획이다. SOFTMAX에서는 먼저 배열 x에 대해서 np.exp(x)를 이용해 각각의 요소가 지수함수 값인 배열을 만들고 이를 모두 더해 dummy라는 이름의 배열을 만들었다. 소프트맥스 함수의 분모는 배열 dummy의 모든 요소의 합이다. 아래에서 설명하겠지만, SOFTMAX의 함수로 2차원 행렬 s를 전달하므로, 행의 방향(axis=0)으로 총합을 구해야 한다. theta는 다름 아닌 ReLU 의 미분인 헤비사이드 계단함수이다. numpy의 `heaviside(x,1)`는 x가 0보다 작으면 0의 값을, x가 0보다 크거나 같으면 두 번째 인수인 1을 출력한다. E(d,z)는 앞에서 설명한 비용함수인 크로스 엔트로피다. 위에서 정의한 모든 함수에서는 numpy의 함수들만을 이용했으므로, 함수에 등장하는 x, d, z 모두는 일반적인 형태의 배열을 이용할 수 있다.

```
W = np.random.random( (Nh, Ni) )*0.01 # 마구잡이 가중치
V = np.random.random( (No, Nh) )*0.01 # 마구잡이 가중치
b = np.random.random( (Nh, 1) )*0.01
c = np.random.random( (No, 1) )*0.01
```

가중치 행렬인 W는 $v_i = \sum_j W_{ij}x_j + b_i$이므로 행의 수는 은닉층 노드의 개수인 $N_h$이고 열의 수는 입력층 노드의 개수인 $N_i$이다. numpy에 들어있는 패키지 random의 함수 random($N_h$,$N_i$)는 $N_h \times N_i$ 꼴의 행렬을 만들고 각각의 행렬의 요소에 0에서 1사이의 마구잡이 값을 배정한다. 충분히 작은 값으로 시작하고자 0.01을 곱했다. 마찬가지로 행렬 V는 $s_i = \sum_j V_{ij}y_j + c_i$이므로 $N_o \times N_h$ 행렬이며, 배열 b와 c는 둘 모두 열벡터의 꼴이어서 각각의 크기는 $N_h \times 1$, 그리고 $N_o \times 1$이다.

```
d = np.zeros( (No, N) )
d_valid = np.zeros( (No, Nvalid) )
```

학습용 데이터에는 모두 N개의 정답 라벨이 함께 들어있다. 그리고 정답 라벨 하나는 위에서 설명했듯이 $N_o$개의 출력 노드의 값으로 표현된다. 이를 모두 모아 정답 라벨 데이터를 $N_o \times N$의 커다란 행렬로 저장하고자 한다. numpy의 `zeros( (No, N) )`는 $N_o \times N$ 행렬을 만들고 행렬의 요소에 모두 0을 부여한다. 마찬가지로 검증용 데이터의 정답 라벨은 $N_o \times N_{valid}$ 행렬로 저장하고자 한다.

```
label = training[:,0].astype('int')
for n in range(N):
    d[label[n], n] = 1
```

```
label_valid = valid[:,0].astype('int')
for n in range(Nvalid):
    d_valid[label_valid[n], n] = 1
```

    학습용 데이터의 정답은 0에서 9까지의 정수이다. 그러나 현재 구현하고자 하는 정답 라벨은 숫자 '0'에 대하여 (1, 0, 0, ⋯, 0), '1'은 (0, 1, 0, ⋯, 0)의 형태이므로 데이터의 정답 숫자를 배열 d의 형태로 바꿔야 한다. `training[:,0]`을 이용해 모든 학습데이터의 첫 번째 요소인 정답 숫자를 가져오고 이를 `training[:,0].astype('int')`를 이용해 정수형으로 바꾼다. 이 과정을 거쳐 얻어진 배열 label에는 모두 N개의 정수가 담겨 있다. 각각에 대해 배열 d를 만드는 과정이 바로 `for n in range(N): d[label[n], n] = 1`이다. 위에서 이미 `d = np.zeros((No, N))`을 이용해 배열 d의 모든 요소에 0을 넣었으므로, 정답 숫자 라벨에 해당하는 d의 요소에만 1의 값을 넣어주면 된다. 다음에 이어진 부분은 검증용 데이터의 정답 정보를 가지고 정답 정보가 담긴 d_valid를 만드는 마찬가지의 과정이다.

```
x = (training[:,1:]/255.0).T
x_valid = (valid[:,1:]/255.0).T
x_test = (test[:,1:]/255.0).T
```

    각각의 데이터 집합에서 정답 정보를 제외하고 숫자 이미지를 가져와서 각각의 이미지 화소에 해당하는 값을 0과 1 사이의 실수로 바꾼다. 예를 들어, `training[:,1:]`은 training 행렬의 모든 행에 대해서 0번째 열을 제외한 1번째부터 맨 마지막 요소까지를 모두 모아서 배열로 만든다. `print(np.shape(training[:,1:]))`을 이용해 만들어진 배열의 꼴을 출력하면 (30000, 784)이다. 행렬곱을 사용하기 위하여 행과 열을 뒤바꾸고 싶다면 행렬의 전치 연산(transpose)으로 배열의 뒤에 .T를 붙여서 쉽게 할 수 있다. 이 과정을 거치면 새로 만들어진 행렬 x는 784행 30000열의 크기이며, 각각의 이미지 데이터에 대한 입력층 노드의 정보를 담고 있게 된다. 이어진 두 줄의 코드는 위의 과정을 검증용 입력데이터와 시험용 입력데이터에 대해서 수행한다.

```
alpha_N = alpha/N
```

학습규칙에 등장한 학습률 $\alpha$의 값이다. 매 에포크마다 N=30000개의 학습용 자료를 이용해 학습하고 이들을 모두 더해 비용함수를 계산하게 되므로, alpha를 N으로 나눠 정의하는 것이 적절하다.

```
xarr = []
yarr1 = []
yarr2 = []
```

최종 결과를 저장해 그래프로 그리기 위해 정의한 리스트이다. 매번 그래프에 이용할 데이터가 얻어질 때마다 리스트에 하나씩 그 값을 추가(append)하고자, 리스트를 이용한다. 참고로, numpy의 array는 크기가 고정되어 값들을 하나씩 추가할 수는 없다.

```
for ep in range(Nep):
    v = W @ x + b
    y = ReLU(v)
    s = V @ y + c
    z = SOFTMAX(s)
```

이제 본격적으로 매 에포크에 대한 학습이 진행된다. 먼저 할 계산은 입력층에서 은닉층을 거쳐 출력층의 정보를 얻는 것이다. 본문의 학습규칙에 등장한 것과 같은 변수명을 이용했다. 즉, $v_j = \sum W_{ij}x_j + b_i$는 v = W @ x + b로 적힌다. 중요한 것은 이런 계산을 numpy를 이용하면 벡터화해서 단 한줄의 코드로 모든 $i$에 대한 계산을 병렬로 한 번에 수행할 수 있다는 점이다. W @ x는 matmul(W,x)과 정확히 같은 연산, 즉 두 행렬의 행렬곱을 수행한다. 마찬가지로, y = ReLU(v)는 $y_i = f(v_i)$를, s = V @ y + c는 $s_i = \sum_j V_{ij}y_j + c_i$를, z = SOFTMAX(s)는 $z_i = g(s_i)$를 각각 벡터화해 병렬로 한 번에 계산한다.

위의 코드에는 또다른 병렬 계산이 함께 진행된다. print(np.shape(W), np.shape(x), np.shape(W@x), np.shape(b), np.shape(v), np.shape(y))를 실행해 각 행렬의 꼴을 출력해보면 각각 (100, 784), (784, 30000), (100, 30000), (100, 1), (100, 30000), (100, 30000)이다. 30000개의 입력 데이터에 대해

서 W는 값이 다르지 않아서 $N_h \times N_i$의 꼴이고, 입력 이미지가 담겨있는 x는 $N_i \times N$의 꼴이다. 즉, W@x는 N=30000개의 학습 데이터 전체에 대한 연산을 행렬곱의 형태로 동시에 수행해서 W@x는 $N_h \times N$의 꼴이 된다. 흥미롭게도 W@x의 행렬꼴 $N_h \times N$은 이 행렬에 더해지는 b의 꼴인 $N_h \times 1$과 다른데, numpy는 이처럼 꼴이 다른 두 행렬을 더할 때, 크기가 작은 행렬인 b의 첫 번째 열을 다른 모든 열로 복사하고 덧셈을 한다. 즉, v = W@x + b의 행렬꼴은 $N_h \times N$이 된다.

그 다음에 이어진 두 줄의 코드 s = V @ y + c; z = SOFTMAX(s)도 위와 같은 방식으로 병렬 계산을 수행한다. print(np.shape(V), np.shape(y), np.shape(V@y), np.shape(c), np.shape(s), np.shape(z))를 이용해 각각의 행렬의 크기를 비교해보라.

```
delta = d - z
eps = (V.T @ delta)*theta(v)
```

위 코드는 앞선 for loop 안에서 돌고 있으므로 들여쓰기 하였다. 비용함수로 크로스 엔트로피를 이용하고 출력층의 활성화 함수로 소프트맥스를 이용하면 $\delta_i = e_i = d_i - z_i$임을 이미 위에서 보인바 있다. 또한, 은닉층의 활성화 함수로 ReLU를 택하면, $\epsilon_i = (V^T \vec{\delta})_i f'(v_i) = (V^T \vec{\delta})_i \Theta(v_i)$이다. 위의 두 줄의 코드는 $\delta_i$와 $\epsilon_i$를 delta와 eps라는 이름의 행렬로 병렬 계산한다. 두 줄의 코드에 등장한 행렬의 꼴을 위에서와 마찬가지로 np.shape()을 이용해 살펴보면 하고자 했던 행렬 계산이 제대로 이뤄지고 있음을 알 수 있다. print(np.shape(d), np.shape(z), np.shape(delta))와 print(np.shape(V.T), np.shape(delta), np.shape(V.T@delta), np.shpae(theta(v)), np.shape(eps))를 이용해 살펴보라.

```
V += ( alpha_N*(delta @ y.T) )
W += ( alpha_N*(eps @ x.T))
c += ( alpha_N*np.sum(delta, axis=1).reshape( (No,1) ) )
b += ( alpha_N*np.sum(eps, axis=1).reshape( (Nh,1) ) )
```

다음에 이어진 부분은 본문에서 유도한 학습규칙에 관련된 코드이다. 즉, $V_{ij} \Rightarrow V_{ij} + \alpha \delta_i y_j$, $c_i \Rightarrow c_i + \alpha \delta_i$, $W_{ij} \Rightarrow W_{ij} + \alpha \epsilon_i x_j$, $b_i \Rightarrow b_i + \alpha \epsilon_i$를 구현한 부분

이다. 코드에서 적절한 위치에 전치연산(.T)과 reshape()이 이용되었음에 유의하면서 코드를 살펴보라. 또한 `np.sum(delta, axis=1)`을 이용해서 모든 N개의 입력 데이터에 열의 방향(axis = 1)으로 합계를 구했음에도 유의하라. 즉, 모든 학습데이터에 대한 합을 이용해서 학습을 하게 된다. 이런 이유로 alpha가 아닌 alpha_N을 학습률로 이용해야 한다. delta는 $N_o \times N$의 꼴이므로 `sum(delta, axis=1).reshape( (No, 1) )`은 $N_o \times 1$꼴의 배열을 반환한다. 지금까지의 코드를 통해서 역방향 학습이 완료된다.

```
if ( ep % 10 == 0):
    xarr.append(ep)
    yarr1.append(E(d,z))
```

다음에는 10, 20, 30, … 식으로 10개의 에포크마다 검증용 데이터를 이용해 학습이 얼마나 이루어졌는지를 살피는 과정에 관련된 코드가 이어진다. 매 10개의 에포크마다 비용함수 E(d,z)를 계산해 각각의 값을 xarr와 yarr1이라는 배열에 저장하는데, 이 배열은 이후 그래프를 그리는데 이용된다.

```
v = W @ x_valid + b
y = ReLU(v)
s = V @ y + c
z = SOFTMAX(s)
```

현재 단계에서 학습이 이루어진 W, b, V, c를 이용해서 검증용 입력데이터 x_valid의 출력 데이터 z를 얻는 과정이다. 학습과정에서 이용한 것과 같은 활성화 함수를 은닉층과 출력층에 대해 이용했으며, 앞의 학습과정의 순방향 계산에 관련된 코드와 마찬가지로 병렬 계산이 수행된다.

```
yarr2.append(np.mean(np.argmax(z,axis = 0) ==
             np.argmax(d_valid,axis = 0)))
print(xarr[-1],yarr2[-1])
```

출력층에서 출력된 행렬 z는 $N_o \times N_{val}$의 꼴이다. 여기서 행의 방향(axis = 0)에서 가장 큰 값을 가지는 요소가 몇 번째 인지를 np.argmax(z,axis = 0)를 이용해 계산한다. 만약 $N_o$(=10)개의 z 요소 중 가장 큰 요소가 2번째라면, 이는 인공신경망이 답으로 숫자 '3'을 출력했다는 의미이다. 출력값이 정답 라벨과 같은 지를 판단하는 것이 바로 np.argmax(z,axis = 0) == np.argmax(d_valid,axis = 0) 의 논리연산이다. 두 값이 같다면, 즉 출력이 정답과 같았다면 1의 값을 주고, 정답을 맞추지 못했다면 0의 값이 논리연산의 결과로 주어진다. 이 과정이 모두 Nval개의 검증용 데이터에 대해 수행되므로, 위의 논리연산은 $N_{val}$개의 요소(각각은 0또는 1의 값을 가진다)가 들어있는 배열을 만들게 되는데, 이 결과에 np.mean()을 이용해 평균을 구하게 되면, 그 값이 다름 아닌 검증용 데이터의 정답률이 된다. 이렇게 계산된 정답률을 리스트인 yarr2에 yarr2.append()를 이용해 하나씩 추가하고, 이후에 yarr2를 그래프로 그리게 된다.

두 번째 줄에서는 현재 단계에서 얻어진 정답률을 몇 번째의 에포크인지와 함께 화면에 숫자로 출력한다. 10개의 에포크마다 값이 출력되므로, 현재 학습이 몇 번째의 에포크에 대해 수행되었는지를 보여주어서, 프로그램이 현재 어느 정도 실행되고 있는지를 알 수 있다.

다음은 이 부분에서 출력된 프로그램 실행결과의 예이다.

```
  0 0.0978
 10 0.2744
 20 0.555
 30 0.647
 40 0.7608
 50 0.8796
 60 0.9102
 70 0.8758
 80 0.9164
 90 0.932
100 0.9354
110 0.936
120 0.936
130 0.9428
140 0.9446
150 0.9466
160 0.948
170 0.9484
180 0.9504
190 0.9514
```

```
plt.plot(xarr,yarr1)
plt.show()
plt.plot(xarr,yarr2)
plt.show()
```

코드의 위 부분에서 얻어진 정보인 비용함수 E(d,z)의 값과 검증용 데이터의 정
답률을 별도의 그래프로 그리는 코드다.

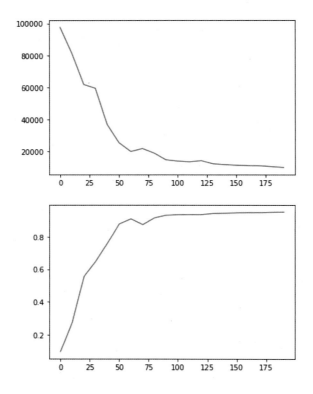

```
v = W @ x_test + b
y = ReLU(v)
s = V @ y + c
z = SOFTMAX(s)
```

이제 프로그램의 마지막 부분이다. 세 개의 이미지 데이터 중 시험용(test) 데이

터에 대해서 순방향의 계산을 통해 행렬 z를 병렬 계산하는 코드다.

```
for n in range(20):
    image = x_test[:,n].reshape([28,28])/256.
    plt.imshow(image)
    plt.show()
    print("This image looks like ", np.argmax(z[:,n]))
```

시험용 데이터 중 처음 20개를 가지고, 실제의 손글씨 이미지 데이터와 함께, 출력된 라벨 결과를 함께 보여준다. 이미지 그림과 함께 학습시킨 인공신경망의 출력 라벨을 비교하면, 인공신경망의 학습이 적절히 이루어져서, 올바른 결과를 출력하고 있다는 것을 알 수 있다.

처음 두 이미지는 다음과 같은 결과를 준다.

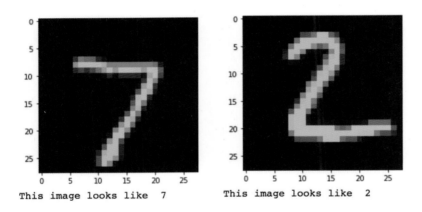

위에서 한줄 한줄 설명한 전체 프로그램 코드는 아래와 같다. urllib를 통해서 직접 데이터를 인터넷에서 가져오도록 프로그램을 구현했다.

```
import numpy as np, matplotlib.pyplot as plt
import urllib.request
training_link ='https://url.kr/29gdcq'
valid_link = 'https://url.kr/i32y65'
test_link ='https://url.kr/xg6hes'
```

```
urllib.request.urlretrieve(training_link, 'mnist_training.npy')
urllib.request.urlretrieve(valid_link, 'mnist_valid.npy')
urllib.request.urlretrieve(test_link, 'mnist_test.npy')
training = np.load('mnist_training.npy')
valid = np.load('mnist_valid.npy')
test = np.load('mnist_test.npy')
N = np.shape(training)[0] # size of training set
Nvalid = np.shape(valid)[0] # size of validation set
Ntest = np.shape(test)[0] # size of test set
Ni = 784 # number of nodes in input layer
No = 10 # number of nodes in output layer
Nh = 100 # number of nodes in hidden layer
alpha = 1.0 # learning rate
Nep = 200 # number of epochs
def ReLU(x):
return(np.maximum(0,x))
def SOFTMAX(x):
 dummy = np.exp(x)
return( dummy/np.sum(dummy,axis = 0))
def theta(x):
return(np.heaviside(x,1.0))
def E(d,z):
return( -np.sum( d*np.log(z) + (1.0-d)*np.log(1.0-z)) )
W = np.random.random( (Nh, Ni) )*0.01
V = np.random.random( (No, Nh) )*0.01
b = np.random.random( (Nh, 1) )*0.01
c = np.random.random( (No, 1) )*0.01
d = np.zeros( (No, N) )
d_valid = np.zeros( (No, Nvalid) )
label = training[:,0].astype('int')
label_valid = valid[:,0].astype('int')
for n in range(N): d[label[n], n] = 1
for n in range(Nvalid): d_valid[label_valid[n], n] = 1
x = (training[:,1:]/255.0).T
x_valid = (valid[:,1:]/255.0).T
x_test = (test[:,1:]/255.0).T
alpha_N = alpha/N
xarr = []
yarr1 = []
yarr2 = []
for ep in range(Nep+1):
 v = W @ x + b
 y = ReLU(v)
 s = V @ y + c
 z = SOFTMAX(s)
 delta = d - z
 eps = (V.T@delta)*theta(v)
 V += (alpha_N*(delta@y.T))
```

```
W += (alpha_N*(eps@x.T))
c += (alpha_N*np.sum(delta,axis=1).reshape( (No,1) ))
b += (alpha_N*np.sum(eps, axis=1).reshape( (Nh,1) ))
if (ep % 10 == 0):
 xarr.append(ep)
 yarr1.append(E(d,z))
 v = W @ x_valid + b
 y = ReLU(v)
 s = V @ y + c
 z = SOFTMAX(s)
 yarr2.append(np.mean(np.argmax(z,  axis=0)  ==  np.argmax(d_valid,
axis=0)))
print(xarr[-1], yarr2[-1])
plt.plot(xarr, yarr1)
plt.show()
plt.plot(xarr, yarr2)
plt.show()
v = W @ x_test + b
y = ReLU(v)
s = V @ y + c
z = SOFTMAX(s)
for n in range(20):
 image = x_test[:,n].reshape([28,28])/255.0
 plt.imshow(image)
 plt.show()
print("This image looks like ",np.argmax(z[:,n]))
```

과제 1

출력층의 활성화 함수로 소프트맥스가 아닌 시그모이드를 이용해 보시오. 은
닉층의 활성화 함수로 ReLU가 아닌 시그모이드 함수도 시도해 보시오. 또한,
학습률 alpha, 처음 마구잡이 변수를 배정한 V, W, c, b 값의 범위도 바꿔 결
과를 비교해 보시오. 기계학습 분야에서 널리 알려진 과적합 문제(overfitting
problem)가 발생하는 지를 에포크 수를 늘려가면서 살펴보시오.

**CHAPTER 16**

# 홉필드 모형을 이용한 패턴 인식

## 홉필드 모형을 이용한 패턴 인식

통계물리학 분야에서 널리 이용되는 모형으로 이징 모형이 있다. 온도가 아주 낮을 때에 강자성(ferromagnetism)을 보이는 물질이 온도가 올라가면서 상자성(paramag-netism)을 보이는 물질로 변하는 상전이를 설명할 수 있는 잘 알려진 이론 모형이다. 이징 모형의 에너지 함수, 혹은 해밀토니안(Hamiltonian)은 다음과 같이 적을 수 있다.

$$E = -\frac{1}{2}\sum_{ij}J_{ij}S_iS_j$$

이 식에서 $J_{ij}$는 두 스핀 $S_i$와 $S_j$ 사이의 상호작용 세기를 나타낸다. 이징 모형의 스핀은 위와 아래, 두 방향만을 가져서 $S_i = \pm1$로 적을 수 있다. 만약 $J_{ij} = J(>0)$로 일정하다면, $\sum_{ij}S_iS_j = \left(\sum_i S_i\right)^2$이므로, 모든 스핀이 $S_i = 1$인 경우와 $S_i = -1$인 경우에 에너지가 최솟값을 가진다. 즉, 절대영도의 평형상태에서는 시스템의 모든 스핀은 하나같이 똑같은 방향을 가리키게 되고, 따라서 외부의 자기장이 없어도 유한한 자성을 갖는 강자성 상태에 있게 된다. 한편, 온도가 무한대로 가는 극한에서는 시스템의 평형상태는 엔트로피가 최대인 상태에 해당하게 되는데,

이 경우에는 각각의 스핀들이 $+1$과 $-1$의 두 값 중 하나를 마구잡이로 갖는 상자
성 상태에 해당하게 된다.

| 위치 인덱스 | 0 | 1 | 2 | 3 |
|---|---|---|---|---|
| | 4 | 5 | 6 | 7 |
| | 8 | 9 | 10 | 11 |
| | 12 | 13 | 14 | 15 |

| 요소 정보 | 1 | 1 | 1 | 1 |
|---|---|---|---|---|
| | -1 | -1 | -1 | 1 |
| | -1 | -1 | -1 | 1 |
| | -1 | -1 | -1 | 1 |

위 그림처럼 $4 \times 4$ 크기의 사각격자에 한글 자음 'ㄱ'이 표시되어 있는 모습을
생각해보자. 모두 16개의 픽셀이 있고, 각각의 픽셀은 차있거나 비어 있는 두 상태
를 가진다. 'ㄱ'의 형태로 차있는(파란색) 7개의 픽셀 각각은 $+1$의 상태로, 비어있
는(흰색) 9개의 픽셀 각각은 $-1$의 상태에 있다고 하자. 위 그림과 같이 'ㄱ'의 형태
에 해당하는 전체의 상태는 16개의 요소를 가지는 벡터 $\vec{\xi} = (+1, +1, +1, +1, -1, -1. -1, +1, -1, -1, -1, +1, -1, -1, -1, +1)$로 적을 수 있다.

에너지 함수 $E = -\dfrac{1}{2} \sum_{ij} J_{ij} S_i S_j$에서 $J_{ij} = \xi_i \xi_j$로 택하면

$$E = -\frac{1}{2} \sum_{ij} \xi_i S_i \cdot \xi_j S_j = -\frac{1}{2} \left( \sum_i \xi_i S_i \right)^2$$

이므로, 모든 $i$에 대해 $S_i = \xi_i$를 만족할 때가 바로 에너지의 바닥상태 중 하나에
해당한다는 것을 알 수 있다. 한편, 만약 학습시키고자 하는 패턴이 $\overrightarrow{\xi^{(1)}}$, $\overrightarrow{\xi^{(2)}}$,
$\cdots$, $\overrightarrow{\xi^{(p)}}$로 모두 $p$개라면, 상호작용으로 $J_{ij} = \dfrac{1}{p} \sum_{\alpha=1}^{p} \xi_i^{(\alpha)} \xi_j^{(\alpha)}$를 이용하면 된다. 처
음의 상태 $\vec{S}(t=0)$에서 출발해서 에너지 바닥상태를 찾는 과정을 계속 이어가다보
면, 최종적으로 도달하는 에너지 바닥상태는 $p$개의 학습패턴 중 처음 시작한
$\vec{S}(t=0)$에 가장 가까운 상태가 된다.

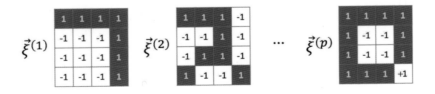

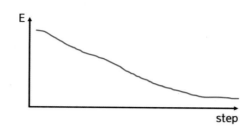

조금만 생각해보면, 위의 방법을 현실의 다양한 패턴 인식 문제에 적용할 수 있다는 것을 알 수 있다. 예를 들어, 사람들마다 각기 조금씩 다르게 적는 손 글씨 패턴 'ㄱ'을 $\vec{S}(t=0)$으로 하면, 사람마다 조금씩 다른 손 글씨의 차이를 교정해서 처음 시스템에 학습시킨 정확한 형태의 'ㄱ'을 출력하도록 할 수 있다. 이런 방식으로 작동하는 것이 바로 홉필드 모형(Hopfield model)인데, 실제 현실에서도 패턴 인식을 인공지능의 방식으로 구현하는 용도로 널리 이용되기도 한다.

홉필드 모형을 코드로 구현하는 과정의 얼개는 다음과 같다.

1. 학습시키고자 하는 패턴 각각을 $N$차원 벡터 $\vec{\xi}$ 표현하자. 벡터의 각 성분은 +1 또는 −1의 값을 가진다.

2. 모두 $p$개의 패턴 벡터 $\vec{\xi^{(\alpha)}}$ $(\alpha = 1, \cdots, p)$로부터 상호작용 $J_{ij} = \dfrac{1}{p}\sum_{\alpha=1}^{p}\xi_i^{(\alpha)}\xi_j^{(\alpha)}$ 을 구성한다.

3. 입력 벡터의 처음 값 $\vec{S}(t=0)$으로부터 시작해서 다음의 과정을 반복한다.

   (1) $k$번째 스핀이 거꾸로 뒤집힌 벡터 $\vec{S'}$을 생성해, 에너지의 차이 $\Delta E = E(\vec{S'}) - E(\vec{S})$를 계산한다.

   (2) 만약 $\Delta E \leq 0$이면 $\vec{S} = \vec{S'}$로 스핀 벡터를 바꾼다. 한편 $\Delta E > 0$이면 에너지가 높아지는 방향이므로 스핀 벡터를 바꾸지 않고 유지한다.

위 과정을 여러 번 반복하면, 전체 에너지는 조금씩 점점 낮아지게 되므로 결국 스핀 상태 벡터 $\vec{S}$는 에너지 바닥상태에 근접하게 된다. 최종적으로 도달한 스핀 상태 벡터를 출력하면 처음 시작한 스핀 벡터 $\vec{S}(t=0)$에 가장 가까운 학습 패턴을 얻게 된다.

다음에는 위 과정 중 3-(1)단계에서 에너지의 차이 $\Delta E$를 구하는 방법을 알아보

자. $E = -\frac{1}{2}\sum_{ij}J_{ij}S_iS_j = -\frac{1}{2}\Big(\sum_{i\neq k}\sum_j J_{ij}S_iS_j + \sum_j J_{kj}S_kS_j\Big)$로 $i$에 대한 합을 두 부분으로 나눠 적을 수 있고, 같은 방법을 $j$에 대한 합에도 마찬가지로 적용하면 결국 $E = -\frac{1}{2}\Big(\sum_{i\neq k}\sum_{j\neq k}J_{ij}S_iS_j + \sum_{i\neq k}J_{ik}S_iS_k + \sum_{j\neq k}J_{kj}S_kS_j + J_{kk}S_kS_k\Big)$를 얻게 된다. 전체 스핀 중 $k$번째 스핀 하나만이 뒤집힌 상태가 바로 $\vec{S}'$이므로, $\Delta E = -\frac{1}{2}\Big(\sum_{i\neq k}J_{ik}S_i\Delta S_k + \sum_{j\neq k}J_{kj}S_j\Delta S_k + J_{kk}\Delta(S_k^2)\Big)$이다. 스핀이 뒤집혀도 $S_k^2$은 1로 일정하며 $J_{ik} = J_{ki}$임을 이용하면 $\Delta E = -\sum_{i\neq k}J_{ki}S_i\Delta S_k$로 간단히 적을 수 있다. 뒤집힌 스핀의 부호는 반대가 되므로 $S_k' = -S_k$이고 $\Delta S_k = S_k' - S_k = -2S_k$이다. 따라서 $\Delta E = 2\sum_{i\neq k}J_{ki}S_iS_k = 2\Big(\sum_i J_{ki}S_iS_k - J_{kk}\Big)$이다.

스핀 $k$에 작용하는 국소적인 유효 자기장으로 $F_k \equiv \sum_i J_{ki}S_i$를 정의하면, $\Delta E = 2(F_kS_k - J_{kk})$를 얻는다. 이렇게 계산한 $\Delta E$의 값이 0보다 크면, 위의 (3)단계에 따라 $\vec{S}$는 바뀌지 않지만, 만약 $\Delta E \leq 0$이면, $S_k$의 값을 $-S_k$로 대체한 것을 새로운 스핀 벡터로 바꾸게 된다. 이때 $S_k$가 바뀜에 따라 모든 $i$에 대해 $F_i$도 새로운 값으로 바뀌게 된다는 것에 주의해야 한다. 변화된 스핀 벡터에 맞게 국소적인 유효 자기장 $F_i$를 업데이트하기 위하여, $\Delta F_i = \sum_j J_{ij}\Delta S_j = J_{ik}\Delta S_k = -2J_{ik}S_k$를 $F_i$에 더하여 새로운 $F_i$로 한다.

홉필드 모형을 이용해 한글 자모, 'ㄱ', 'ㄴ', 'ㅁ'을 인식하는 인공지능 프로그램은 아래와 같다. $J_{ij}$와 $F_i$의 계산은 행렬의 곱 @을 이용해 구현했다.

```
import numpy as np, matplotlib.pyplot as plt
p = 3  #저장된 패턴의 수
L = 8; N = L*L
MaxStep = 3; Error = 0.2
xi = np.zeros([3, 64])
xi[0] = [ 1,1,1,1,1,1,1,1, \
          1,1,1,1,1,1,1,1, \
          0,0,0,0,0,0,1,1, \
          0,0,0,0,0,0,1,1, \
          0,0,0,0,0,0,1,1, \
          0,0,0,0,0,0,1,1, \
          0,0,0,0,0,0,1,1, \
          0,0,0,0,0,0,1,1 ]
xi[1] = [ 1,1,0,0,0,0,0,0, \
          1,1,0,0,0,0,0,0, \
```

```
        1,1,0,0,0,0,0,0, \
        1,1,0,0,0,0,0,0, \
        1,1,0,0,0,0,0,0, \
        1,1,0,0,0,0,0,0, \
        1,1,1,1,1,1,1,1, \
        1,1,1,1,1,1,1,1 ]
xi[2] = [  1,1,1,1,1,1,1,1, \
        1,1,1,1,1,1,1,1, \
        1,1,0,0,0,0,1,1, \
        1,1,0,0,0,0,1,1, \
        1,1,0,0,0,0,1,1, \
        1,1,0,0,0,0,1,1, \
        1,1,1,1,1,1,1,1, \
        1,1,1,1,1,1,1,1 ]
xi[xi == 0] = -1 #xi배열 안의 0인 요소를 -1값으로 변환
J = (xi.T@xi)/p
beta = np.random.randint(p)
S = xi[beta]
for i in range(N):
  if np.random.rand() < Error: S[i] *= -1
print('Input')
plt.imshow(S.reshape(L,L))
plt.show()
F = J@S
for counter in range(MaxStep):
  for k in range(N):
    dE = 2*(F[k]*S[k] - J[k][k])
    if dE < 0:
      for i in range(N):
        F[i] -= 2*J[i][k]*S[k]
      S[k] *= -1
print('Output')
plt.imshow(S.reshape(L,L))
plt.show()
```

⟨Input⟩

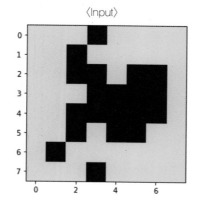

⟨Output⟩

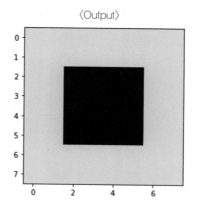

홉필드 모형의 에너지 함수 $E = -\dfrac{1}{2}\displaystyle\sum_{ij} J_{ij}S_iS_j$를 이용해서 상호작용 행렬의 대각 성분 $J_{ii}$를 0으로 해도 아무런 차이가 없다는 것을 보이시오. 이를 위의 코드에 적용해서 결과가 달라지지 않음을 확인하시오.

다음에는 홉필드 모형과 앞에서 배운 신경세포 하나의 발화를 설명하는 아주 단순한 모형인 맥컬럭-피츠(McCulloch-Pitts) 모형을 비교해 보려 한다. 위의 예제에서 보인 것과 같이 $J_{ii} = 0$으로 놓으면, $\Delta E = 2\displaystyle\sum_i J_{ki}S_iS_k$이므로, $S_k(t) = 1$일 때에는 $\displaystyle\sum_i J_{ki}S_i(t) \leq 0$이면 $S_k(t+1) = -1$, $\displaystyle\sum_i J_{ki}S_i(t) > 0$이면 $S_k(t+1) = 1$을 만족한다. 한편, $S_k(t) = -1$의 경우에는, $\displaystyle\sum_i J_{ki}S_i(t) < 0$이면 $\Delta E > 0$이므로 $S_k$는 바뀌지 않고, 따라서 $S_k(t+1) = -1$이다. 또 $\displaystyle\sum_i J_{ki}S_i(t) \geq 0$이면 $\Delta E \leq 0$이므로 $S_k(t+1) = 1$을 만족하게 된다. 따라서 $S_k(t)$의 값에 무관하게 두 경우 모두 $S_k(t+1) = \mathrm{sign}\left(\displaystyle\sum_i J_{ki}S_i(t)\right)$의 식을 얻게 된다.

앞에서 설명한 맥컬럭-피츠 모형은 홉필드 모형과 달리 신경세포의 발화상태를 $n_i = 1$로, 발화하지 않고 있는 상태를 $n_i = 0$으로 적었다는 차이가 있다. 하지만 $S_i = 2n_i - 1$로 정의하면 맥컬럭-피츠 모형의 변수 $n_i$를 홉필드 모형의 스핀 변수 $S_i$에 쉽게 대응시킬 수 있다. 이를 이용해 홉필드 모형에서의 스핀상태의 시간에 따른 변화를 기술하는 식 $S_k(t+1) = \mathrm{sign}\left(\displaystyle\sum_i J_{ki}S_i(t)\right)$을 다시 적으면, $2n_k(t+1) - 1 = \mathrm{sign}\left(\displaystyle\sum_i J_{ki}(2n_i(t) - 1)\right)$를 얻는다. 또, $\mathrm{sign}(x)$와 헤비사이드 계단함수 $\Theta(x)$는 $\mathrm{sign}(x) = 2\Theta(x) - 1$의 관계를 만족하므로, $n_k(t+1) = \Theta\left(\displaystyle\sum_i 2J_{ki}n_i(t) - \sum_i J_{ki}\right)$이다. 이 식에서 $2J_{ki} \equiv W_{ki}$, $\displaystyle\sum_i J_{ki} \equiv b_i$로 정의하면, 맥컬럭-피츠 모형의 식 $n_i(t+1) = \Theta\left[\displaystyle\sum_j W_{ij}n_j(t) - b_i\right]$와 완전히 동일한 식임을 알 수 있다. 즉 홉필드 모형은 시냅스 연결 $W_{ij}$를 통해 서로 정보를 주고받는 맥컬럭-피츠 모형과 수학적으로 동일한 모형이다.

## 과제 1

위의 홉필드 모형을 구현한 코드를 맥컬럭-피츠 모형의 식 $n_i(t+1) = \Theta[\sum_j W_{ij} n_j(t) - b_i]$을 적용해서 다시 작성하시오.

## 과제 2

홉필드 모형 코드가 최종적으로 출력한 정보와 처음 시작한 학습 패턴 $\vec{\xi}$의 차이를 오차로 정의하자. 이 값은 두 $N$차원 벡터 사이의 거리로 측정할 수 있다. 적절한 오차의 한도가 주어져있을 때 얼마나 많은 패턴을 학습시킬 수 있는지 조사해 보시오.

## 과제 3

홉필드 모형은 모든 스핀이 서로 연결되어 있는 $J_{ij}$를 이용한다. 행렬 $J_{ij}$의 모든 성분에 대해 $q$의 확률로 0으로 놓아 듬성듬성 연결된 상호작용 행렬로 만들자. 이 경우 홉필드 모형의 오차가 과제 2와 비교하여 어떻게 변하는지 계산해 보시오.

# CHAPTER 17
# 감염병 확산 모형

## 감염병 확산 모형

감염병의 확산을 설명하는 모형에는 여러 종류가 있다. 병에 감염된 사람들의 집단과 아직 감염되지 않은 사람의 집단으로 구분하고, 각 집단에 몇 명의 사람이 있는지를 살피는 방식으로 감염병의 확산을 기술하는 모형을 구획모형(compartment model)이라고 한다. 각 집단을 구획(compartment)이라고 부르며, 각 구획에 속한 사람들은 모두 정확히 같은 방식으로 감염 확산에 참여하게 된다고 가정한다. 이와 다른 감염병 확산 모형도 있다. 전체 인구 집단에 속한 개인의 행동을 각각 구현하는 방식이다. 이를 행위자-기반 모형(agent-based model)이라 부른다. 현실적인 감염병 확산 모형은 구획모형과 행위자-기반 모형을 양쪽 극단으로 해서 여러 다양한 방식을 활용하기도 한다.

예를 들어 나라 단위를 구획모형으로 기술하며, 나라 사이의 인구 이동을 고려하는 모형을 생각할 수 있다. 이를 메타-인구 모형(meta-population model)이라 한다. 구획모형의 얼개에서는 각 구획에 속한 사람 수가 시간에 따라 어떻게 변하는지만 살펴볼 수 있는 데 비해, 행위자-기반 모형은 구성원 각자의 상태가 어떻게 변하는지를 구체적으로 추적할 수 있는 장점이 있다.

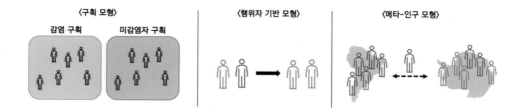

## SIR 구획 모형

감염병 확산의 구획 모형에도 여러 유형이 있다. 아직 감염되지 않아 감염의 가능성이 있는 미감염자(susceptible, S) 집단과 병원균에 감염되어 다른 사람을 감염시킬 수 있는 감염자(infected, I) 집단으로 나누는 SI 모형이 가장 간단한 모형이다. 주어진 시간 $t$에 미감염자와 감염자가 각각 $S(t)$, $I(t)$명이 있다고 하자. 단위시간당 1명의 감염자가 미감염자를 감염시킬 확률이 $r$이라고 주어져 있다고 가정한다.

집단을 이루는 모든 사람의 수 $N$은 $N = I(t) + S(t)$명으로 주어진다. 이 집단에서 I 상태에 있는 감염자 1명이 미감염자를 만날 확률은 $S(t)/N$이고, 둘 사이의 접촉을 통해 실제 감염이 이루어질 확률이 $r$이므로, 1명의 감염자는 단위시간당 $rS(t)/N$명의 감염자를 새롭게 만들어 낸다. 이러한 감염자가 모두 $I(t)$명이 있으므로, 시간 간격 $dt$에서 새롭게 감염된 사람의 수는 $r \cdot dt \cdot I(t)S(t)/N$으로 적을 수 있다. SI 구획모형에서 감염자의 수는 다음의 방정식을 만족한다.

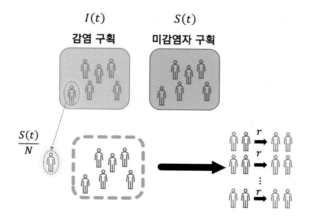

$$I(t+dt) = I(t) + r \cdot dt \cdot I(t)S(t)/N = I(t) + r \cdot dt \cdot I(t)\frac{N-I(t)}{N}$$

이 식을 정리하면, SI 구획모형의 감염자 수 $I(t)$가 만족하는 아래의 미분방정식을 얻게 된다.

$$\frac{dI(t)}{dt} = rI(t)\left(1 - \frac{I(t)}{N}\right)$$

SI 구획모형의 미분방정식을 적분해 수치 해를 구하는 문제는 앞 장에서 일차 미분방정식의 수치해법을 다룰 때 과제 문제 중 하나로 제시하였다.

  SI 모형은 현실의 감염확산과 다른 부분이 있다. 한 번 감염자로 바뀐 사람은 시간이 아무리 흘러도 감염상태가 지속되며 다른 미감염자를 계속 감염시킨다는 SI 모형의 가정은 현실과 맞지 않다. 현실에서는 감염자가 결국 사망에 이르러 다른 사람을 더 이상 감염시키지 않을 수도 있다. 또는 시간이 지나 스스로 항체를 만들어 질병을 이겨내 다시 건강한 상태로 돌아갈 수도 있다. 이러한 SI 모형의 문제를 개선한 모형으로는 I 상태에 있는 사람이 다시 S 상태로 되돌아가는 것을 허용하는 SIS 모형과 I 상태에 있는 사람이 사망하거나 면역을 가진 R(removed 또는 recovered) 상태로 바뀌는 것을 허용하는 SIR 모형 등이 있다. 또한 I 상태의 사람에게서 S 상태의 사람이 감염된 후, 다른 이를 감염시킬 수 있는 I 상태로 이르는 중간 단계에서 병에는 걸렸지만 아직 병을 옮기지는 않는 E(exposed) 상태를 추가한 SEIR 모형도 있다. 일단 감염이 되어도 일정한 시간이 지나 몸 속에서 세균이나 바이러스가 충분히 증식하는 과정이 지난 다음에야 다른 이를 감염시킬 수 있는 잠복기와 같은 요소를 반영한 모형이다. 아래에 이어지는 내용에서는 SIR 구획 모형이 만족하는 미분방정식을 먼저 살펴보고 이를 코드로 구현해보려 한다.

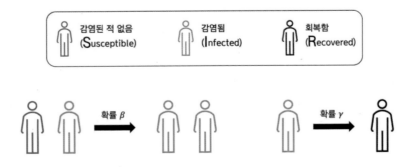

SIR 모형으로 기술하는 전체 집단의 사람들을 미감염자(S), 감염자(I) 그리고 회복자(R)로 구분하고, 각 구획(compartment)에 속한 사람의 숫자를 각각 $S(t)$, $I(t)$, $R(t)$라고 하자. 전체 인구가 $N$명으로 주어진 전체 집단에 속한 각 개인은 S, I, R 중 하나의 상태에 있으므로, $S(t) + I(t) + R(t) = N$라는 조건을 모든 시간 $t$에서 만족한다. SIR 모형에서는 I 상태에 있는 사람이 S 상태의 사람을 만나면 단위 시간당 $\beta$의 일정한 확률로 감염이 일어난다고 가정한다. 전체 $N$명의 사람 중에서 마구잡이로 한 명을 골랐을 때 이 사람이 S 상태에 있을 확률은 $S/N$이다. I 상태에 있는 사람 1명이 단위 시간에 감염을 일으킬 확률은 $\beta \cdot S/N$으로 적을 수 있다. 모두 $I$명의 감염자가 있다면, 위의 과정을 따라 단위 시간에 늘어나는 감염자의 수는 $\beta SI/N$이며, 이 과정을 통해서 미감염자의 수는 같은 숫자만큼 줄어들게 된다. 즉 $S(t+dt) = S(t) - dt \cdot \beta \dfrac{S(t)I(t)}{N}$을 얻고, 이로부터 SIR 모형의 $S(t)$가 만족하는 첫 번째 미분방정식 $\dfrac{dS}{dt} = -\beta \dfrac{SI}{N}$을 얻는다.

한편 SIR 모형의 $I(t)$는 두 방법으로 변형 가능하다. 첫 번째는 바로 위에서 설명한 감염의 과정이고, 두 번째는 감염자가 시간이 지나 회복자로 변하게 되는 과정이다. 단위 시간당 감염자가 회복자로 바뀌는 확률을 $\gamma$라고 하면, 회복자의 수는 $R(t+dt) = R(t) + dt \cdot \gamma I(t)$이므로 $\dfrac{dR}{dt} = \gamma I$를 얻는다. 감염이 일어나는 과정과 회복되는 과정을 모두 생각하면 $\dfrac{dI}{dt} = \beta \dfrac{SI}{N} - \gamma I$를 얻을 수 있다. 미감염자는 감염되어 감염자로 바뀌고, 감염자는 스스로 회복되어 회복자로 바뀌어 다시는 감염되지 않는다. 감염자의 수는 미감염자가 감염되는 과정에서는 늘어나고, 감염자가 회복자로 바뀌는 과정에서는 줄어든다. 결국 SIR 구획모형의 세 미분방정식은 다음과 같이 적을 수 있다.

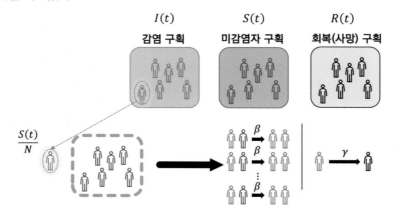

$$\frac{dS}{dt} = -\beta\frac{SI}{N}, \quad \frac{dI}{dt} = \beta\frac{SI}{N} - \gamma I, \quad \frac{dR}{dt} = \gamma I$$

위의 세 식을 모두 더하면 $\frac{d(S+I+R)}{dt} = 0$이므로, $N = S(t) + I(t) + R(t)$이라는 구속조건을 만족한다는 것을 확인할 수 있다.

아래의 코드는 SIR 구획 모형의 미분방정식을 수정-오일러 방법으로 적분해 $S(t)$, $I(t)$, $R(t)$를 그래프로 그리는 프로그램이다.

```python
import numpy as np, matplotlib.pyplot as plt

N = 1000.0
I0 = 1.0
S, I, R = N-I0, I0, 0.0
beta = 0.07; gamma = 0.015

T = 1000.0; dt = 0.01

def deriv(S, I, R, beta, gamma, N):
  return -beta*S*I/N, beta*S*I/N - gamma*I, gamma*I

tarr = []; Sarr = []; Iarr = []; Rarr = []
for t in np.arange(0.0, T, dt):
  tarr.append(t); Sarr.append(S); Iarr.append(I); Rarr.append(R)
  dSdt1, dIdt1, dRdt1 = deriv(S,I,R,beta,gamma,N)
  Stem = S + dt*dSdt1; Item = I + dt*dIdt1; Rtem = R + dt*dRdt1
  dSdt2, dIdt2, dRdt2 = deriv(Stem, Item, Rtem, beta, gamma, N)
  S += 0.5*dt*(dSdt1 + dSdt2)
  I += 0.5*dt*(dIdt1 + dIdt2)
  R += 0.5*dt*(dRdt1 + dRdt2)

plt.plot(tarr,Sarr, label='S')
plt.plot(tarr,Iarr, label='I')
plt.plot(tarr,Rarr, label='R')
plt.legend()
plt.xlabel("t")
plt.ylabel("S/I/R")
plt.show()
```

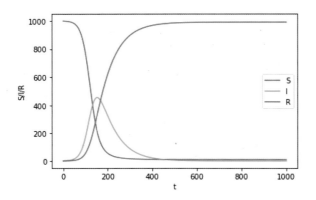

SIR 모형의 방정식 중 $I(t)$에 대한 미분방정식은 $\dfrac{dI}{dt} = I\left(\beta\dfrac{S}{N} - \gamma\right) = I\gamma\left(\dfrac{\beta}{\gamma}\dfrac{S}{N} - 1\right)$ 로 적을 수 있다. 이 식에서 감염의 초기 단계에서는 $S \approx N$임을 이용하면, $\dfrac{\beta}{\gamma} > 1$ 이면 감염확산의 초기에 감염자가 지수함수를 따라 늘어난다. 한편 $\dfrac{\beta}{\gamma} < 1$이면 감염자가 늘어나지 않는다. SIR 모형의 초기 감염확산의 경향은 기초재생산지수 (basic reproduction number) $R_0 = \dfrac{\beta}{\gamma}$의 값을 이용해 알 수 있다. $R_0$가 1보다 크면 감염자가 늘고, $R_0$가 1보다 작으면 감염자는 줄어든다.

> ### 과제 1
>
> 차원이 없는 시간 변수 $t' = \beta t$를 이용해 SIR모형의 방정식을 다시 적고, 이를 수치 적분해 최종 누적 감염자 수(=최종 회복자 수)를 $\dfrac{\gamma}{\beta}$의 함수로 그래프로 그리시오. 감염 확산에서 $\dfrac{\gamma}{\beta}$의 문턱값을 생각해보시오.

## SIR 행위자-기반 모형

위에서 살펴본 SIR 구획모형과 같이 사람들이 S, I, R 셋 중 하나의 상태에 있다는 가정을 사용하지만, 행위자-기반 모형을 적용하여 감염의 확산 과정을 살펴보자. 아래에 소개한 코드는 위에서 소개한 미분방정식의 형태로 적은 SIR 구획모형을 행위자-기반 모형으로 변경해서 구현해 본 것이다. $N$명 각자의 상태가 S, I, R 중 어떤 상태인지에 따라 0, 1, -1의 정수값을 부여하는 방법을 이용했다. I 상태에 있는 사람들의 목록을 numpy의 where를 이용해 만들고 for loop을 이용해 I 상태에 있는 감염자 각자의 상태가 변화되는 것을 구현했다. 감염자 한 명이 S 상태의 미감염자를 만나면 단위시간당 $\beta$의 확률로 감염을 일으키며, 단위시간당 $\gamma$의 확률로 회복된다. 코드를 실행하면, 위의 미분방정식을 수치 적분해서 얻은 것과 거의 비슷한 결과를 얻는다. 아래의 코드에서 두 배열 state와 statnew를 이용한 것의 의미를 각자 생각해보는 것이 중요하다. state 배열은 현재 시간에서의 정보를 담고 있다면 statenew 배열은 다음 시간에서의 정보를 저장하기 위해 이용한 것이다.

```python
import numpy as np, matplotlib.pyplot as plt
N = 1000
I0 = 1
S, I, R = N-I0, I0, 0
beta = 0.07; gamma = 0.015
T = 1000
state = np.zeros(N, dtype=int) # 모두 S 상태
state[np.random.randint(N, size = I0)]=1 # 초기에 I 상태에 있는 사람을 지정

tarr = []; Sarr = []; Iarr = []; Rarr = []
for t in range(T):
  statenew = state.copy()
  Ilist = np.where(state ==  1)[0] # I 상태에 있는 사람들의 리스트 만들기
  Rlist = np.where(state == -1)[0] # R 상태에 있는 사람들의 리스트 만들기
  I = len(Ilist); R = len(Rlist); S = N - I - R
  tarr.append(t); Sarr.append(S); Iarr.append(I); Rarr.append(R)
  for i in Ilist: # I 상태에 있는 모든 사람에게 적용
    j = np.random.randint(N)
    if state[j] == 0 :
      if np.random.rand() < beta :  statenew[j] = 1
    if np.random.rand() < gamma :  statenew[i] = -1
  state = statenew.copy()

plt.plot(tarr,Sarr, label='S')
plt.plot(tarr,Iarr, label='I')
plt.plot(tarr,Rarr, label='R')
plt.legend()
plt.xlabel("t")
plt.ylabel("S/I/R")
plt.show()
```

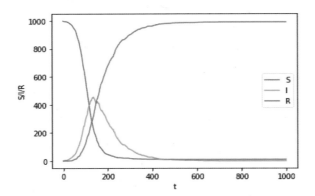

> **과제 2**
>
> SIR 모형을 행위자-기반 모형으로 구현해 본 위의 프로그램을 수정해서 SI 모형을 행위자-기반 모형으로 구현해보자. 프로그램의 결과를 SI 구획 모형의 미분방정식을 수치 적분한 결과와 비교하시오.

> **과제 3**
>
> 감염자가 S 상태로 다시 돌아와서 또다시 감염될 수 있는 모형이 SIS 모형이다. SIS 모형을 행위자-기반 모형으로 구현해보시오. S 상태에서 I 상태로의 변화는 단위시간당 $\beta$의 확률로, I 상태에서 S 상태로의 변화는 단위시간당 $\gamma$의 확률로 일어난다고 가정한다. SIS 모형의 기초재생산 지수의 값을 추정해보시오.

## 구획모형의 완전-섞임 가정과 행위자-기반 모형의 장점

▲ 감염자들은 모두 같은 확률로 미감염자를 만난다

앞에서 소개한 구획모형은 현실의 감염 확산에 직접 적용하기 어렵다. 가장 큰 문제는 감염자가 미감염자를 만나 감염을 일으키는 과정에서 집단에 속한 사람이라면 누구와도 똑같은 확률로 접촉이 일어난다는 가정이다. SIR 구획모형에서 I 상태에 있는 한 사람이 S 상태에 있는 사람을 만날 확률을 $S/N$으로 계산한 것이 바로 이 가정에 의한 것이었다. 이를 완전-섞임(full-mixing) 가정이라 하는데, 물리학의 평균장-근사(mean-field approximation)에 해당한다.

현실에서의 감염확산은 이와 같은 완전-섞임 가정을 따를 수 없다. 예를 들어 우리나라 전체의 감염확산을 생각하면 서울의 감염자가 서울에 사는 미감염자를 만날 확률과 부산의 미감염자를 만날 확률은 다르다. 사는 위치 뿐 아니라 이동의 경향에 따라서도 다른 사람을 만날 확률은 달라진다. 구획모형은 그 특성상 한 사람 한 사람이 아니라, S, I, R 각각의 상태에 있는 사람의 숫자만을 고려한다. 즉 완전-섞임 가정을 이용할 수밖에 없다는 한계가 있다.

한편, 행위자-기반 모형은 얼마든지 각자의 위치와 이동 패턴 등의 정보를 모형에 반영할 수 있는 가능성이 있다. 예를 들어 각자의 사람들이 2차원 평면 위에서 사각격자의 형태로 살아가고, 직접 연결된 네 명의 이웃하고만 상호작용한다고 가정해보자. 이 경우의 SIR 모형은 구획모형으로는 구현할 수 없지만, 행위자-기반 모형으로는 가능하다.

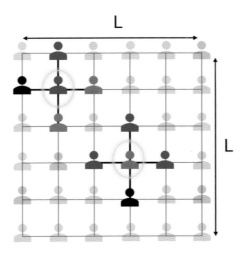

아래의 프로그램은 2차원 사각격자 위에 놓인 사람들 사이의 감염병 확산을 SIR 행위자-기반 모형으로 구현한 것이다. 주기적인 경계 조건(periodic boundary con-

dition)을 이용했다. 가장 가까운 네 명의 이웃의 위치를 정할 때 정수 나눗셈의 몫
과 나머지를 어떤 방식으로 이용했는지 주의 깊게 살펴보기를 권한다.

```python
import numpy as np, matplotlib.pyplot as plt

L = 32 # Linear size of square grid
N = L*L # Total number of grid points = number of agents
I0 = 1
S, I, R = N-I0, I0, 0
beta = 0.07; gamma = 0.015
T = 1000
state = np.zeros(N, dtype=int) # 모두 S 상태
state[np.random.randint(N, size = I0)]=1 # 초기에 I 상태에 있는 사람을 지정

X = np.zeros(N, dtype = int); Y = np.zeros(N, dtype = int)
for i in range(N):
  X[i] = i%L; Y[i] = i//L  # X and Y position of the agent I. i = L*Y + X

tarr = []; Sarr = []; Iarr = []; Rarr = []
for t in range(T):
  statenew = state.copy()
  Ilist = np.where(state ==  1)[0] # I 상태에 있는 사람들의 리스트 만들기
  Rlist = np.where(state == -1)[0] # R 상태에 있는 사람들의 리스트 만들기
  I = len(Ilist); R = len(Rlist); S = N - I - R
  tarr.append(t); Sarr.append(S); Iarr.append(I); Rarr.append(R)
  for i in Ilist: # For each individual in I state
    dir = np.random.randint(4) # i의 4명 이웃 중 하나를 무작위로 고르기
    if dir == 0: # East
      j = L*Y[i] + (X[i] + 1)%L
    elif dir == 1: # West
      j = L*Y[i] + (X[i] - 1)%L
    elif dir == 2:  # North
      j = L*( (Y[i] + 1)%L ) + X[i]
    else : # South
      j = L*( (Y[i] - 1)%L ) + X[i]
    if state[j] == 0 : # If j is in S state
      if np.random.rand() < beta :  statenew[j] = 1 # i에게 감염된 j
    if np.random.rand() < gamma :  statenew[i] = -1 # 회복된 i
  state = statenew.copy() # t+1의 상태(statenew)를 다음 과정을 위해 state
                          에 덮어서 저장

plt.plot(tarr,Sarr, label='S')
plt.plot(tarr,Iarr, label='I')
plt.plot(tarr,Rarr, label='R')
plt.legend()
plt.xlabel("t")
```

```
plt.ylabel("S/I/R")
plt.show()
```

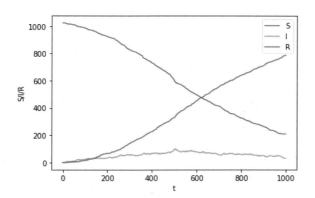

---

### 과제 4

현실에서는 지리적으로 가까운 사람하고만 만나는 것은 아니다. $p$의 확률로 사격자의 네 명의 이웃 중 한 명과 접촉(근거리 상호작용)하고, $1 - p$의 확률로 위치와 상관없이 아무나 한 명을 골라 접촉(원거리 상호작용)한다고 가정하자. 위의 2차원 사각 격자 구조 위에서 행위자-기반 모형으로 SIR 과정을 구현한 코드를 수정해서 근거리와 원거리 상호작용이 있는 경우 $p$에 따라 어떻게 감염병 확산의 패턴이 달라지는지 나름의 측정량을 고안해서 살펴보시오.

---

### 과제 5

2차원 SIR 행위자 기반 모형에 백신의 효과, 통행 제한의 효과 등, 각자가 중요하다고 생각하는 현실의 요인을 스스로 반영해 살펴보시오. 그리고 이러한 정책의 사회적 영향과 이를 극복하기 위한 방안도 생각해보자.

# 찾아보기

**저자 소개**

**김범준** 성균관대학교 물리학과

**박혜진** 인하대학교 물리학과

**손승우** 한양대학교 응용물리학과

**이미진** 한양대학교 응용물리학과

**정우성** 포항공과대학교 물리학과

---

# 전산
# 물리학

**초판 발행** 2022년 2월 28일

**지은이** 김범준 · 박혜진 · 손승우 · 이미진 · 정우성
**펴낸이** 류원식
**펴낸곳** 교문사

**편집팀장** 김경수 | **책임진행** 심승화 | **디자인** 신나리 | **본문편집** 오피에스디자인

**주소** 10881, 경기도 파주시 문발로 116
**대표전화** 031-955-6111 | **팩스** 031-955-0955
**홈페이지** www.gyomoon.com | **이메일** genie@gyomoon.com
**등록번호** 1968.10.28. 제406-2006-000035호

**ISBN** 978-89-363-2326-4 (93420)
**정가** 22,000원